DIE NEUE BREHM-BÜCHEREI

DER STÖR

von Dr. Erna Mohr

mit 39 Abbildungen

Akademische Verlagsgesellschaft Geest & Portig K.-G. · Leipzig

1952

Inhaltsverzeichnis

HEFT 84

Akademische Verlagsgesellschaft Geest & Portig K.-G., Leipzig
in Verbindung mit dem A. Ziemsen Verlag, Wittenberg/Lutherstadt

Satz, Druck und Bindung: III/23/3 - J. Schmidt, Markneukirchen i. Sa.
Lizenz-Nr. 276 - 105/20/52

1. Was ist ein Stör?

> Erstlich gibt uns die Elbe den Stör / und das unterweilen so reichlich / daß man auch dem höchsten GOTT nicht gnug dafür dancken kan. Es ist der Stör einer mit von den grösten Fischen. Wie deñ Anno 1661. im April einer zu Hamburg angebracht / der für 20. Thaler verkaufft worden. Davon der Kopff 128. Pfund gewogen / und das Fett von der einen Seiten 58. Pfund. Da es also fast eine Sünde / wenn man dieselbe noch gantz klein fänget und zu Marckt bringt. Darüber denn die Obrigkeit wol halten möchte / und verordnen / daß die Stör / Lachs und Butte nicht so klein solten gefangen und verkaufft werden. Man wil ja GOTT und der Natur keine Zeit lassen. Aber was thut doch die Begierde zum Gelde nicht!

So schrieb schon 1675 PETRUS HESSELIUS, Pastor zum Pesthof zu Hamburg, in seinem Buche „Hertzfließende Betrachtungen von dem Elbe-Strom". Bereits vor 275 Jahren warnte hier ein Einsichtiger vor Überfischung und forderte ein Mindestmaß für einen Fisch, der heute längst zu einem Naturdenkmal unserer Heimat geworden ist, wenn es auch erst dem 20. Jahrhundert vorbehalten blieb, das letzte Kapitel einzuleiten.

Was ist ein Stör?

Die heutigen Störe sind altertümliche Tierformen, Reste einer in früheren Erdperioden blühenden Fischordnung. Die ältesten auf Störe zurückführbaren Reste entstammen eocänen Tonen von Sheppy. Von den noch lebenden Störfamilien stellt man die Löffelstöre *(Polyodontidae)* mit den Gattungen *Polyodon* und *Psephurus* der Familie der Acipenseriden gegenüber, die die beiden Gattungen *Scaphirhynchus* und *Acipenser* umfaßt. Bei *Scaphirhynchus*, dem Schaufelstör, laufen die Reihen der Knochenschilder am Schwanz zusammen, bei den eigentlichen Stören nicht. Schaufelstöre kommen in mehreren Arten in Nordamerika und in China vor (Abb. 1).

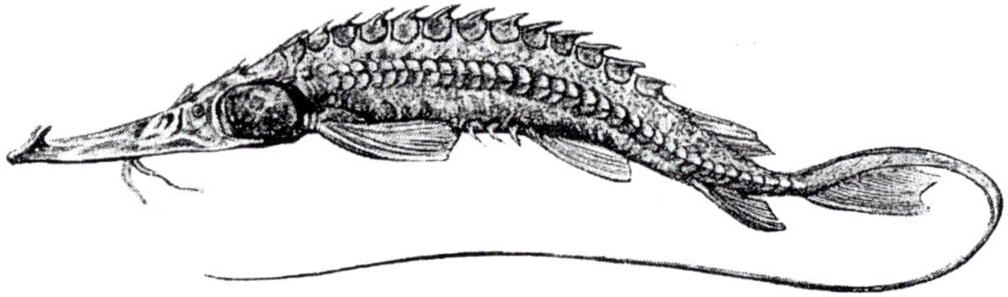

Abb. 1. Schaufelstör, *Scaphirhynchus Kaufmanni*; aus BREHMS Tierleben.

Die Störe stehen als Schmelzschupper, Ganoiden, selbständig neben den Knochenfischen. Neben anderen Eigentümlichkeiten des Skeletts ist für die Störe das Bestehenbleiben der Rückensaite, der Chorda dorsalis, charakteristisch. Die Chorda ist von einer ziemlich dicken Scheide, dem Perichord, umgeben, in und auf welcher sich knorpelige Gebilde entwickeln, die den Dornfortsätzen und andern Wirbelteilen entsprechen. Über der Chorda liegt von Neurapophysen umschlossen das Rückenmark und über diesem in einem Kanal, der von Durchlöcherungen der Wirbelsäule gebildet wird, ein elastisches sehnenartiges Längsband.

Bei den meisten Knochenfischen biegt sich das hintere Ende der Wirbelsäule zwar in die Höhe, aber die Schwanzflosse selbst bleibt äußerlich symmetrisch, einerlei, ob sie abgerundet ist wie beim Aal, stumpf abgeschnitten wie bei der Forelle oder gegabelt wie beim Hering. Bei all diesen Knochenfischen ist also der obere, der dorsale Schwanzflossenabschnitt fast ganz geschwunden, und die äußerlich symmetrisch scheinende, im Innern aber völlig unsymmetrische Schwanzflosse wird fast nur vom unteren, ventralen Teil gebildet. In dieser Art gebaute Flossen nennt man homocerk. Diphycerk ist sie z. B. bei dem altertümlichen Flösselhecht *Polypterus;* hier liegt über und unter der horizontal weitergeführten Wirbelsäule ein annähernd gleich großer Teil der Schwanzflosse (Abb. 2).

Bei den Stören ist die Schwanzflosse „heterocerk“; die Wirbelsäule ist sehr stark aufgebogen und verläuft im oberen Flossenteil (Abb. 2B). Der untere Flossenzipfel ist sehr viel kürzer. So erinnert das Ganze an die Haifisch-Schwanzflosse.

Ähnlich wie bei den Haien ist der Enddarm mit einer spiraligen Innenfalte, der Spiralklappe, versehen, durch die der Weg des Darm-

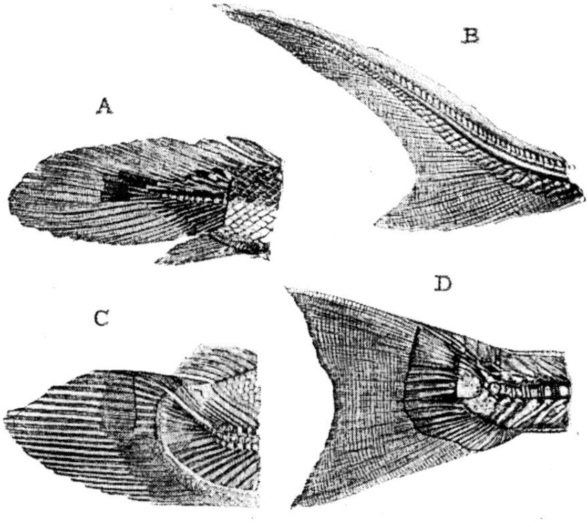

Abb. 2.
Schwanzflossenformen bei Fischen; A: diphycerke Flosse vom Flösselhecht *(Polypterus bichir)*; B: heterocerke Flosse vom Stör; C; D: homocerke Flosse von C: *Amia calva*, Schlammfisch, und D: Lachs, *Trutta salar* (nach HERTWIG).

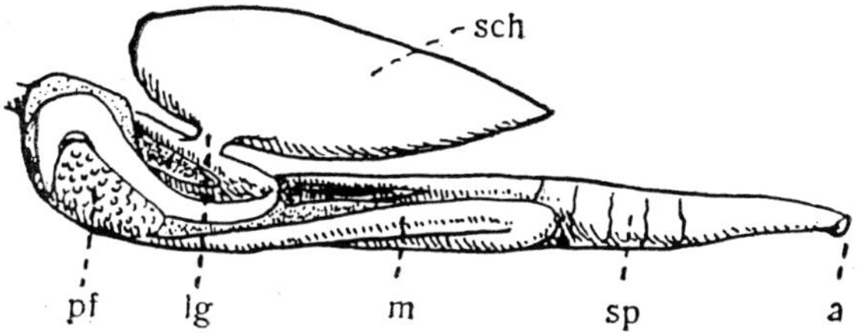

Abb. 3.
Darmtraktus vom Stör, von der linken Seite;
Sch = Schwimmblase;
pf = Pförtneranhänge;
m = Mitteldarm;
lg: Luftgang; sp: Spiraldarm;
a: After (nach RAUTHER).

inhalts verlängert wird (Abb. 3). Eier und Sperma, die denen der Knochenfische gleichen, fallen frei in die Leibeshöhle und werden durch trichterförmig erweiterte Leitungsröhren aufgefangen. Die Entwicklung findet stets im Wasser statt: die Ganoiden sind ovipar. Auf jeder Seite des Afters ist in der Regel ein sogenannter Abdominalporus vorhanden, durch den die Leibeshöhle mit dem umgebenden Wasser in Verbindung steht. Die Funktion dieser Öffnungen, die sich auch bei anderen Fischfamilien finden, ist noch zweifelhaft, wahrscheinlich aber die eines Atmungsorgans.

Besonders charakteristisch ist die Ausgestaltung des Gaumens und die fehlende Verbindung seines Skelett-Teiles mit dem Schädel; er ist zusammen mit den zahnlosen Kiefern und den fleischigen dicken Lippen nach vorn und unten ausstülpbar (Abb. 4, 5). Jederseits der

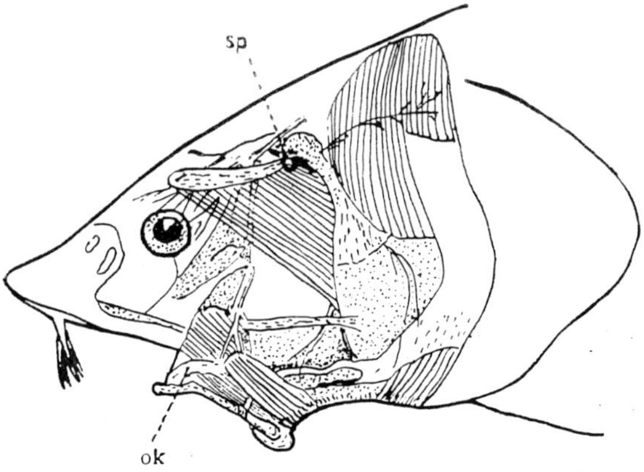

Abb. 4.
Muskeln des Kiefer- und Hyoidbogens beim Waxdick; Sp: Spritzloch; ok: Oberkiefer (nach RAUTHER).

tiefen Falte, welche mit dicker Schleimhaut überzogen zwischen dem freien Hinterrand des Gaumendaches und der unteren Fläche des Schädels herabhängt, findet sich eine Öffnung, die in einen aufwärts verlaufenden Kanal führt, der seinerseits auf der Oberseite des Schädels etwas hinter dem Auge, an dem äußeren Rand der Knochenplatte ausmündet, welche die pars squamosa des Schädels bedeckt.

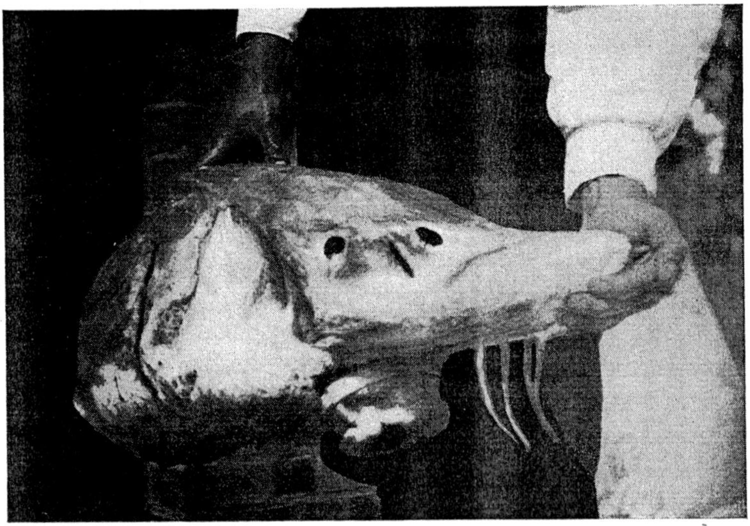

Abb. 5. Kopf eines Störes mit dem ausgestülpten röhrenförmigen Maul und den 4 Bärteln. Vor dem Auge das schlitzförmige hintere und das runde vordere Nasenloch (nach STEINERT, Naturw.-Techn. Zeitschr. ORION, Murnau / Obb.).

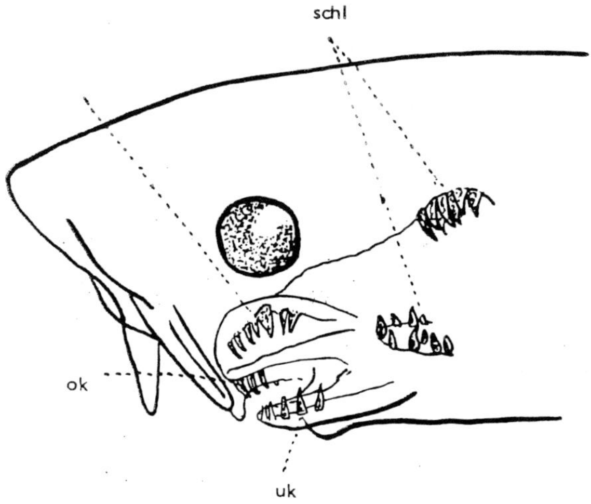

Abb. 6.
Kopf eines 2 Wochen alten Sterlets, noch mit Zähnen; g: Gaumenzähne; ok: Oberkieferzähne; schl: Schlundzähne; uk: Unterkieferzähne (nach SCHIMKEWITSCH).

Diese obere Ausmündung heißt Spritzloch oder Spiraculum. Der Kanal selbst, der allen Knochenfischen fehlt, und der bei den höheren Wirbeltieren sein Homologon in dem äußeren und inneren Gehör⸗gang und dem Trommelfell hat, beherbergt in seinem unteren und inneren Teil, dicht über der inneren Öffnung eine Reihe von Kiemen⸗plättchen, die Spritzlochkieme, die jedoch nicht der Atmung dient. Der ganze Kanal entspricht einer Kiemenspalte zwischen dem Gaumenkiefer⸗ und dem Zungenbein⸗Bogen. Die nächstfolgende Kiemenspalte zwischen dem Zungenbein⸗Bogen und dem ersten Kiemenbogen hat ihre Kiemenblättchen in Form einer großen, aber einfachen Bogenreihe auf der Innenseite des Kiemendeckels (Kiemen⸗deckelkieme). Hinter der Schlundhöhle zeigt die Kiemenhöhle der Störe denselben Bau wie die der Knochenfische: vier Kiemenbogen, deren jeder zwei Reihen Kiemenblättchen und kurze zerstreute Kiemenreusen⸗Fortsätze trägt, während der fünfte Bogen keine Kiemenblättchen trägt und von keiner Kiemenspalte gefolgt wird, vielmehr mit der hinteren Wand der Kiemenhöhle oder der Vorder⸗seite des Schultergürtels verwachsen ist.

Obwohl der erwachsene Stör vollkommen zahnlos ist, besitzen die Larven einige Zähne, deren Form und Anordnung derjenigen der Haie nicht unähnlich ist (Abb. 6), während die hornige Beschaffenheit an die Zähne der Neunaugen erinnert; sie stehen auf beiden Kiefern

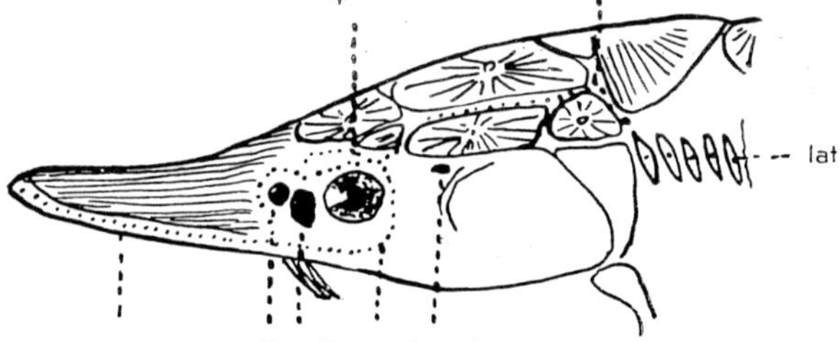

Abb. 7. Kopf des Sterlets mit schematischer Darstellung der Poren des Seitenlinien-Systems; lat: Seitenlinie des Rumpfes; occ: Occipitalast der Seitenlinie; olf 1, olf 2: vorderes und hinteres Nasenloch; s. orb: Suborbitalast der S., der sich nach vorn dem Rande d. Oberkiefers entlang fortsetzt; sp. orb: Supraorbitalast d. S.; spir: Spritzloch (Spiraculum) (aus SCHIMKEWITSCH).

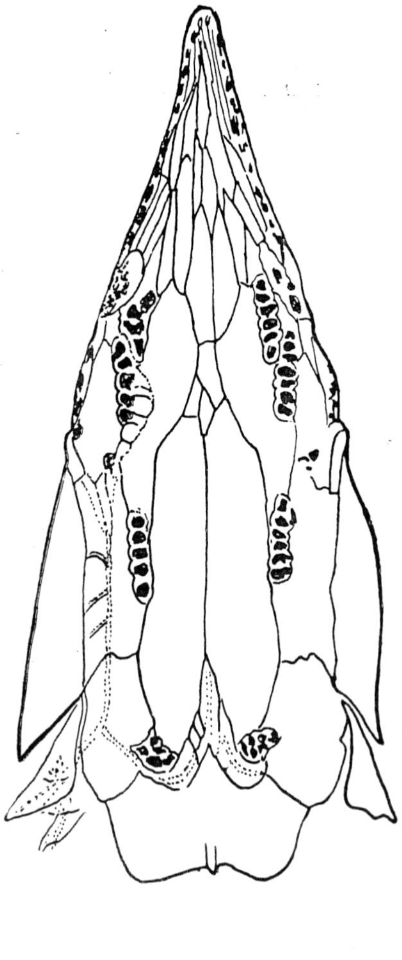

Abb. 8. Kopf des Sterlets von oben mit den Nervensäckchen (schwarz) (nach RAUTHER).

und auf dem 1. eigentlichen Kiemenbogen und verschwinden schon im Alter von etwa drei Monaten.

Die Hautsinnesorgane sind in ähnlicher Weise wie bei den Knochenfischen entwickelt; eine Seitenlinie, obwohl äußerlich nicht sichtbar, ist vorhanden und entsendet Verzweigungen durch die Knochenschilder nach außen. Am Kopf finden sich Kanäle mit offenen Mündungen, die Äste um das Auge und den Unterkiefer entsenden und auch eine Querverbindung im Nacken haben. Besonders ausgeprägt sind diese Hautsinnesorgane auf der Unterseite des Kopfes in der Gegend der Bärtel (Abb. 7 und 8).

Allen Störarten und den meisten Ganoiden gemeinsam sind die sogenannten Fulcra, schindelförmige Gebilde, die den Stachelstrahlen der Knochenfische ähneln und am Vorderrand der unpaaren Flossen stehen. Sie sind aus Knochensubstanz gebildet, mit einer schmelzartigen Schicht bedeckt und gabelförmig gestaltet, und zwar so, daß sie mit dem gegabelten Teil auf der Chorda reiten, dachziegelförmig übereinander liegen und mit einer scharfen Spitze enden. Die hinteren Fulcra der einzelnen Flossen nähern sich in Gestalt mehr und mehr den eigentlichen Flossenstrahlen und bilden einen Übergang zu diesen.

Die Flossen der Störarten sind wie diejenigen der Knochenfische mit sekundären, teilweise verknöcherten und in der Längsrichtung des Körpers geteilten, ursprünglich einfachen und gegliederten Strahlen versehen. Aber mit dem Alter verschmelzen diese Strahlen mehr und mehr und verhärten sich in den vordersten Strahlen zu dornigen Gebilden, aber mit deutlichen Spuren der ursprünglichen Gliederung (Abb. 9).

Die unvollständige Körperbedeckung besteht aus völlig freiliegenden, mit einer Lage echten Schmelzes überzogenen, meistens rhombischen Schuppen oder aus großen Knochenplatten. Form, Größe und Zahl dieser in fünf Reihen angeordneten Knochenschilder sind charakteristisch für die verschiedenen Arten von Stören. Eine unpaare Schilderreihe verläuft entlang der Rückenkante. In der Mittellinie jeder Körperseite sowie an beiden Bauchkanten verlaufen weitere,

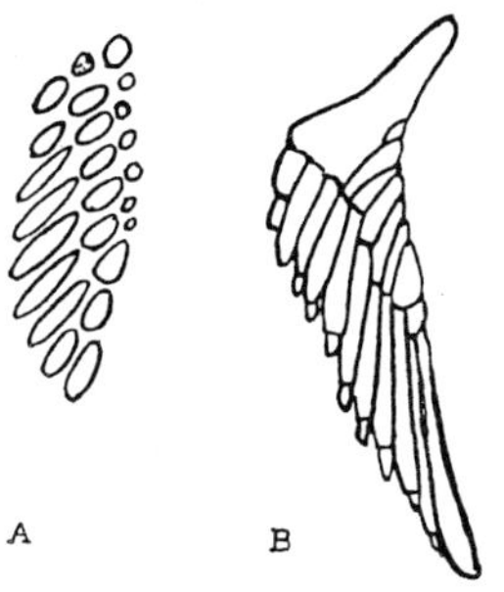

Abb. 9. Skelett der Beckenflosse des Sterlets, A von einer Larve, B von einem erwachsenen Sterlet (nach RAUTHER).

Abb. 10. Der Körperquerschnitt ist fünfkantig.

so daß der Körperquerschnitt fünfeckig ist (Abb. 10). Die Schilderzahlen sind selbst innerhalb der Art recht variabel; auch haben Jungtiere weniger Schilder als erwachsene Fische der gleichen Art.

2. Die Verwandtschaft unseres Störs

LINNÉ unterschied 1758 nur drei Störarten, den Stör *(Acipenser sturio)*, den Sterlet *(Ac. ruthenus)* und den Hausen *(Ac. huso)*. Heute rechnet man mit rund 20 Arten, doch sind mehrere dieser Formen so wenig bekannt, daß im Grunde genommen bei manchen von ihnen bis heute noch keine Übereinstimmung in der Auffassung über ihre Artberechtigung besteht. Störe sind eine außerordentlich variable Fischgruppe, die auch innerhalb der Art in bezug auf Größe sehr wechseln. Da außerdem mehrere von ihnen stark zur natürlichen Verbastardierung neigen, bestehen unter den Fischkundigen starke Meinungsverschiedenheiten darüber, was man als reine Art auffassen kann oder was nur eine Mischform vorstellt. Man hat zwar Grund anzunehmen, daß diese Bastarde unfruchtbar sind; sie können aber zu stattlichen Exemplaren heranwachsen und dann dem Fischkundigen wie dem Fischer Rätsel aufgeben, mit deren Lösung oder Deutung der Fischer sich leichter tut, als es dem Systematiker und dem Fischereibiologen zu tun erlaubt ist.

Störe sind auf Meere, Seen und Flüsse der nördlichen gemäßigten und der arktischen bzw. subarktischen Zone beschränkt. Man kennt sie von Europa, Asien und Amerika, doch scheint nur der europäische Stör, *Acipenser sturio*, weltweit verbreitet zu sein.

Unter den bekannten und anerkannten rund 20 Störarten sind nur wenige große Formen, wie der gemeine Stör *(Ac. sturio)*, der russische Stör, Hausen oder Beluga *(Ac. huso)* und der Weiße, Oregon- oder Sacramento-Stör *(Ac. transmontanus)* von der pazifischen Küste Nordamerikas von Californien bis Alaska, der aufsteigt in Sacramento, Columbia und Fraser River. Diese drei sind die größten Störarten.

Die meisten Störarten findet man sowohl im Salz- wie im Süßwasser; den größten Teil ihres Lebens verbringen sie in der See und steigen nur zum Laichen in die Flüsse auf. Jedoch haben sich in einigen der großen Seen und Ströme Nordamerikas reine Süßwasserarten herausgebildet.

Abb. 11. Nordamerikanischer Süßwasserstör, *Acipenser fulvescens* (nach NICHOLS).

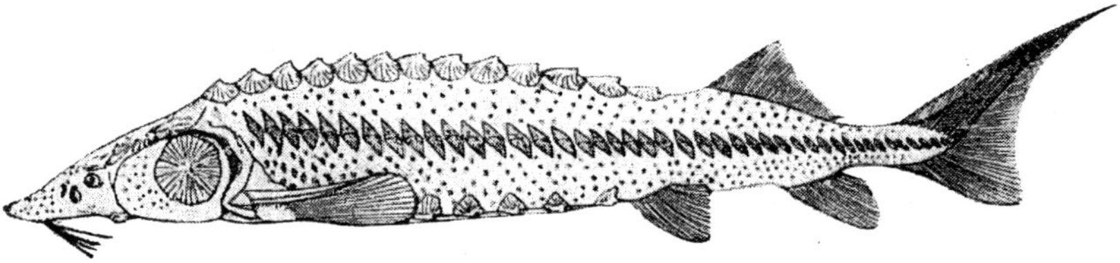

Abb. 12. *Acipenser baeri*, ein nordasiatischer Stör der Eismeerküste (nach KNIPOVICH).

Aus Amerika werden von BREDER für die atlantische Küste drei Arten Störe angegeben, der kurznasige Stör, *Ac. brevirostris* für die Küste von Cap Cod bis Florida, der Seenstör, *Ac. rubicunda* als Süßwasserform des Mississippi und der großen Seen, selten ins Meer absteigend, dazu der dort gewöhnliche Stör, *Ac. oxyrhynchus* vom St. Lorenzstrom bis Carolina, wo er ziemlich gemein ist; in der Chesapeake Bay soll er noch in guter Anzahl vorkommen. Er ist unserm europäischen Stör nahe verwandt. Auch der bis 2 m lang werdende *A. fulvescens* ist eine Süßwasserart des Gebiets der großen Seen, südlich bis hinunter nach Alabama und Missouri (Abb. 11). Andere Arten sind auf die Küsten des Stillen Ozeans beschränkt, wie (nach GÜNTHER) *A. acutorostris, A. agazzisi, A. mediorostris, A. transmontanus* und *brachyrhynchus* von Californien.
Manche Arten gehen auch ins europäische und ins asiatische Eismeer, wie *A. baeri*, der in der Petschora vorkommt, im allgemeinen aber in alle Flüsse vom Ob bis zur Kolyma zum Laichen aufsteigt (Abb. 12). Ein anderer anadromer Wanderstör der Eismeerküste ist *Ac. stenorhynchus*, der hauptsächlich in den Jenissei aufsteigt.
In Europa sind mit Ausnahme des Gemeinen Störs Angehörige der Acipenseriden nur im Osten und Südosten verbreitet und kommen für Mitteleuropa und Deutschland höchstens als Wanderfische in

der Donau hin und wieder in Betracht. Für das Schwarze Meer und seine Zuflüsse sind außer unserm Stör fünf Arten sichergestellt, die kurz näher gekennzeichnet werden sollen, ehe wir uns unserm einheimischen gewöhnlichen Stör als letztem, sechstem, zuwenden.

1. *Acipenser glaber* Marsigli; der Dick oder Glattdick (Abb. 13 g).

Körper dick, gedrungen. Haut mit sehr kleinen Knochenkörnern bedeckt, deren hinterer Teil kammförmig ist. Dadurch fühlt sich die Haut, wenn man von hinten nach vorn darüber streicht, sehr rauh an. Die Spitze der 12—15 Rückenschilder liegt hinter der Schildmitte; erstes Rückenschild mit dem Hinterhauptschild verwachsen. Die 60 und mehr Seitenschilder sehr klein, oft in der Haut verborgen. Schnauze kurz und kegelförmig, Unterlippe nicht gespalten (Abb. 17 B). Runde Bärtel an der Innenseite mit einigen Fransen. Rückenflosse sehr nahe der Schwanzflosse, mit langer Basis; Afterflosse mit kurzer Basis. Größte Körperhöhe beim 1. Rückenschild. Rücken aschgrau bis kaffeebraun, Seiten heller, Bauch weißlich.

Die meisten wiegen 8—10 kg, ganz selten 60—80 kg. Ein 1½ m langer Glattdick wog 46 kg.

Reiner Süßwasserfisch der Donau, der äußerst selten einmal ins Schwarze Meer abgeschwemmt wird, schon im Delta selten, oberhalb Galatz häufig, selten über Komorn hinaufsteigend. Ähnelt in der Lebensweise dem Sterlet. Fleisch sehr geschätzt.

2. *Acipenser stellatus* Pallas; Sternhausen, Scherg, Sewruga (Abb. 13 b).

Körper gestreckt, rund, wenig hoch. Haut dicht besetzt mit kleinen gezähnten und mit sternförmigen Knochenkörperchen. 12—16 Rückenschilder mit scharfer, nach hinten gerichteter Spitze und breiter, herzförmiger Basis, ganz dicht aneinanderstehend. Erstes Rückenschild nicht mit dem Hinterhauptschild verwachsen. 30—40 rhombische Seitenschilder, sich nicht deckend; 10—12 Bauchschilder, Schnauze sehr lang und spitz, etwas nach oben gebogen, auch auf der Unterseite gepanzert. In manchen Merkmalen stellt der Sternhausen eine Übergangsform dar zwischen Sterlet und Glattdick einerseits und dem Waxdick andererseits. Färbung während des Aufenthaltes im Meer fast schwarz, in der Donau heller, Bauchseite gelbgrau.

Der Sternhausen lebt hauptsächlich im Meer, steigt aber häufig nach der Schneeschmelze in die Donau auf und gerät auch in ihren Nebenflüssen vielfach bis nach Ungarn, selten bis nach Österreich. Die Laichzeit fällt gewöhnlich in den Anfang des Monats Juni. Er laicht sehr oft im Meer, nahe der Donaumündung, vielfach auch im Fluß auf Sandbänken. Die Jungfische wandern dann schon im Sommer flußabwärts und finden sich im Juli und August massenhaft in der Donaumündung. Jedoch wachsen sie auch im Süßwasser rasch heran. Tiefe klare Seen mit sandigem und steinigem Grunde im Deltagebiet werden vielfach mit ihnen besetzt und geben guten Ertrag, doch findet im stehenden Wasser keine Fortpflanzung statt. Der Sternhausen lebt anscheinend ausschließlich von wirbellosen Tieren.
Fleisch und Kaviar sind sehr geschätzt, doch kommt der Sternhausen in Österreich fast gar nicht, in Budapest nicht selten — vielfach unter der seltsamen Bezeichnung „Donauforelle" in den Handel.
Die Fischerei findet im Meer mit Stell- und Treibnetzen statt, wobei der Sternhausen oftmals zugleich mit dem Waxdick gefangen wird; auch in der Donau findet man ihn viel öfter an den Standplätzen von Waxdick und Hausen als an denen von Glattdick und Sterlet.

3. *Acipenser güldenstedti* Brandt; Waxdick (Schyp) (Abb. 13c, d).
Körper dick, bedeckt mit sternförmigen Knochenkörperchen verschiedener Größe. 10—13 nicht zusammenstoßende Rückenschilder, deren erstes nicht mit dem Hinterhauptschild verwachsen ist. 27 bis 37 rhombische Seitenschilder, die einander nicht berühren. 8—10 Bauchschilder. Schnauze kurz, breit und stumpf; Bärtel rund, kurz und ohne Fransen. Färbung sehr wechselnd; Rücken schwarzgrau oder schmutziggrün, Seiten und Bauch schmutzigweiß; auch hier sind die im Meere gefangenen Exemplare dunkler.
Der Fisch soll mehr als 4 m und ein Gewicht bis 160 kg erreichen können, doch sind schon solche von 50—60 kg selten; 20—30 kg ist die Regel. Die eigentliche Heimat des Waxdick ist das Meer, doch wird er auch während des ganzen Jahres in der Donau gefangen und wandert zur Laichzeit bis Bratislava = Preßburg, selten bis Wien und darüber hinaus, dringt auch in die Drau und die Waag und andere größere Nebenflüsse ein. Die Laichzeit beginnt gleich

Abb. 13. Die Störarten des Donaugebietes (nach GROTE-VOGT-HOFER); a = gemeiner Stör, *Ac. sturio;* b = Sternhausen, *Ac. stellatus;* c und d = Waxdick, *Ac. güldenstädti;* e = Sterlet, *Ac. ruthenus;* f = Hausen, *Ac. huso;* g = Glattdick, *Ac. glaber.*

Abb. 14. Sterlet in der Donau (aus BREHMS Tierleben).

nach der des Sternhausens. In der Donau laicht er an den gleichen tiefen, sandigen oder steinigen Stellen mit starker Strömung wie dieser, an den Sandbänken der Donaumündung und im Meer. Überall zwischen Mündung und Eisernem Tor finden sich Laichplätze. Im Sommer findet man an der Mündung sehr viel Brut von 2—3 cm Länge. Es scheint so, als ob die im Strom geborenen Jungfischchen bald ins Meer abwandern und dort wachsen. Mit drei Jahren sind sie geschlechtsreif.
In Rumänien spielt der Waxdick eine sehr große wirtschaftliche Rolle, und sein Fleisch kommt in der Wertschätzung gleich nach dem des Sterlets, wird eingesalzen, mariniert, in Dosen eingekocht und geräuchert. Für das Donaudelta wird die jährliche Produktion mit 3—400 000 kg angegeben.

4. *Acipenser ruthenus* L.; Sterlet, Stirl (Abb. 13e, 14).
Körper mäßig dick, Haut mit sehr kleinen, an der Hinterkante gezähnten Knochenkörnern besetzt. 11—17 Rückenschilder mit langem, schneidendem Kamm, der in einen langen scharfen Haken ausläuft,

Abb. 15. Hausen und Stör (aus BREHMS Tierleben).

einander fast berührend, aber durch eine kleine hornähnliche durchscheinende Hautfalte getrennt. Erstes Rückenschild mit dem Hinterhauptschild verwachsen. Die 60—70 rhombischen Seitenschilder decken sich dachziegelig; 10—18 Bauchschilder.
Schnauze lang und spitz, an der Unterfläche mit langem, schmalem Kiel, der sich gegen den Mund zu in einige hintereinanderliegende Warzen auflöst. Die Barteln sind lang und mit feinen Fransen besetzt. Alle Flossen stark entwickelt, Brustflosse recht lang. Größte Körperhöhe beim 3.—4. Rückenschild.
Rücken grau, braun, oft grünlich schimmernd, Schilder weißlich; Bauchseite gelblich, manchmal rötlich. Auch Albinos mit roten Augen sowie rote Formen wurden gefunden („Gold-Sterlet"), letztere von den rumänischen Fischern als „Sterletkaiser" bezeichnet. Auch die Schnauzenlänge kann stark variieren. Gewöhnlich nicht über 1 m und 6 kg, ausnahmsweise bis zu 10 kg, selbst 16 kg.
Der Sterlet ist ein reiner Süßwasserfisch, selten im Delta, wird er von Braila donauaufwärts häufiger. Außer in der Donau findet er sich auch in den übrigen Zuflüssen des Schwarzen, des Asowschen und des Kaspischen Meeres sowie denen des Nördlichen Eismeeres vom

Abb. 16. Hausen, in Astrachan angebracht (Aufnahme R. BADENMJULLEP).

Ob bis zur Kolyma, auch in einigen Zuflüssen zur Ostsee, wie der Düna.
Die Laichwanderungen erstreckten sich früher die Donau aufwärts bis nach Ulm. Der Sterlet liebt tiefes klares Wasser und hält sich stets nahe dem Grunde auf.

5. *Acipenser huso* L; Hausen, Beluga (Abb. 13f, 15, 16).
Haut nackt oder nur mit ganz wenigen, sehr kleinen Knochenkörperchen. 12—15 Rückenschilder und 12 Bauchschilder, bei erwachsenen Hausen ganz in der Haut verborgen, 40—60 sehr kleine Seitenschilder. Die Knochenplatten des Kopfes sind klein und schwach entwickelt, mit größeren Zwischenräumen. Mund sehr groß, halbmondförmig, erreicht fast den Seitenrand der Schnauze (Abb. 17c). Oberlippe dick und wulstig, in der Mitte etwas eingebuchtet; Unterlippe in der Mitte gespalten. Bärtel reichen — wenn zurückgelegt — über die Oberlippe. Schnauze kurz und dick, zugespitzt, bei erwachsenen Tieren weich und elastisch.
Oberseite aschgrau, Bauch weißlich; Albinos kommen vor. Im Meere lebende Hausen sind dunkler.
Der Hausen kann gewaltige Ausmaße erreichen; er ist jedenfalls der großwüchsigste Süßwasserfisch der Welt. Als normal gelten 100 bis 250 kg. 1890 wurde im St. Georgskanal im Donaudelta ein Hausen

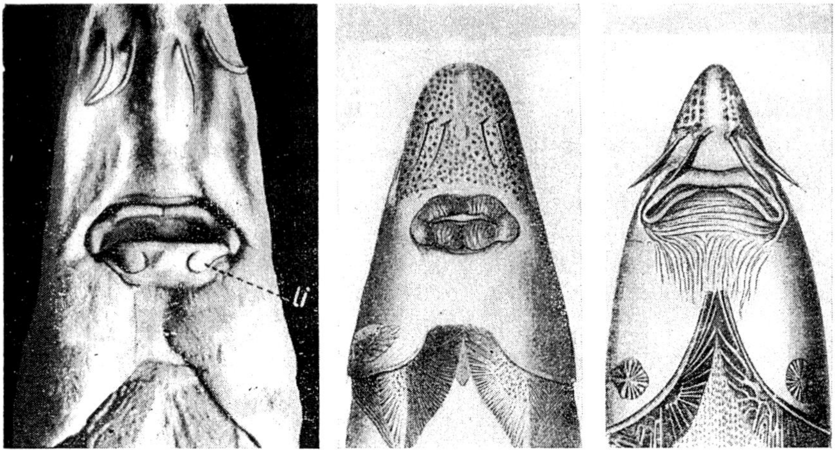

Abb. 17. Kopfunterseiten von A: Stör mit der unterbrochenen Unterlippe (nach RAUTHER); B: Glattdick mit dicker, wulstiger, ungeteilter Unterlippe, C: Hausen mit dem sehr breiten Maul (Nach HECKEL & KNER).

von 882 kg gefangen, der 593 kg Fleisch, 126 kg Kaviar und 19 kg Schwimmblase lieferte; der Kopf allein wog 141 kg. In den Fischereiregistern jener Gegend wird ein männliches Exemplar von rund 1170 kg erwähnt; VOGT-HOFER nennen aus „früheren Zeiten" Stücke von 9 m Länge und 1300 kg Gewicht.

Der Hausen ist der einzige ausgesprochene Raubfisch unter unseren Störarten — kein Wunder bei seiner Größe! Neben Wirbellosen wie Krebsen der Gattungen *Palaemon* und *Crangon,* neben Muscheln und Schnecken, nimmt er alle Arten Fische, deren er habhaft werden kann, zur Hauptsache Karpfen, Brassen, Rapfen, Rotaugen, Donau-Maifische *(Alosa pontica),* ja selbst Wassergeflügel.

Der Hausen ist ein Wanderfisch, der aus dem Schwarzen Meere regelmäßig in die Donau einwandert und hier auch — ebenso wie in der Wolga und anderen Flüssen der Sowjet-Union — überwintert, und zwar an sehr tiefen Stellen mit schlammigem oder tonigem Grund. Er bevorzugt hierzu schwarzen Schlamm, in dem er völlig lethargisch ruht ohne zu fressen. Da er aber wie alle Acipenseriden gegen trübes verschmutztes Wasser außerordentlich empfindlich ist und ihm zu allen Zeiten sorgfältig aus dem Wege geht, scheint er nach dem Erwachen aus dem Winterschlaf eine etwas gewaltsame Kur zur Reinigung der Kiemen vom Schlamm zu machen, indem er kerzengerade hoch aus dem Wasser herausspringt, wobei er natür= lich den Fischern seine Anwesenheit verrät. Wanderungen flußauf= wärts werden möglichst am Grunde des Flusses, Abwärtswanderungen dagegen so nahe der Oberfläche zurückgelegt, daß die Rückenflosse über das Wasser ragt. Wichtige Laichplätze finden sich in den Strom= schnellen des Eisernen Tores. Anscheinend reibt der Fisch sich mit der Bauchfläche an den Felsen, um die Laichablage zu erleichtern. Eine große Anzahl Hausen laicht aber auch im Meere selbst.

An der unteren Donau ist der Hausen ein wichtiger Gegenstand der Fischerei. Über die Güte des Fleisches sind die Ansichten geteilt. Manche Berichterstatter meinen, daß es dem der anderen Störarten an Feinheit wesentlich nachstehe, und nach VOGT-HOFER soll er am Kaspischen Meere fast nur des Kaviars wegen gefangen werden, der allgemein als Beluga=Kaviar eine außerordentlich beliebte rus= sische Sorte ist. Den jährlichen Ertrag der Hausenfischerei im Donau= delta allein gibt ANTIPA für 1909 mit 200—350 000 kg an, die 12 bis 20 000 kg Kaviar liefern.

3. Der Gemeine Stör, *Acipenser sturio* L. 1758 (Abb. 13a, 19, 20)

Beim Gemeinen Stör, *Acipenser sturio,* haben die Rückenschilder den Buckel in der Mitte; nach vorn und hinten sind sie abgedacht. Beim erwachsenen Stör ist die Schnauze etwa halb so lang wie der Kopf, der Kopf vier= bis fünfmal in der Körperlänge enthalten. Das Maul ist im ausgestülpten Zustand vierkantig mit abgerundeten Ecken und nimmt dann etwa $^2/_3$ der Schnauzenbreite ein. Die Bartfäden sind rund, nicht gefranst und kürzer als ihr Abstand vom vorderen Mundrand. Die Unterlippe ist unterbrochen (Abb. 17 A).

Die Schilder stehen bei jüngeren Tieren dichter, mit spitzerem ge= krümmtem Dorn, der auf seiner Hinterkante seinerseits noch kleine Dornen trägt. Mit dem Alter verschwinden diese Dornen, wobei sie auf den Schildern des hinteren Körperabschnittes länger bestehen bleiben, und die Platten werden flacher, wobei sie zugleich stärker auseinanderrücken. 10—13 Rücken=, 24—40 Seiten= und 11—13 Bauchschilder sind vorhanden. Die Rückenflosse hat 30—40, die

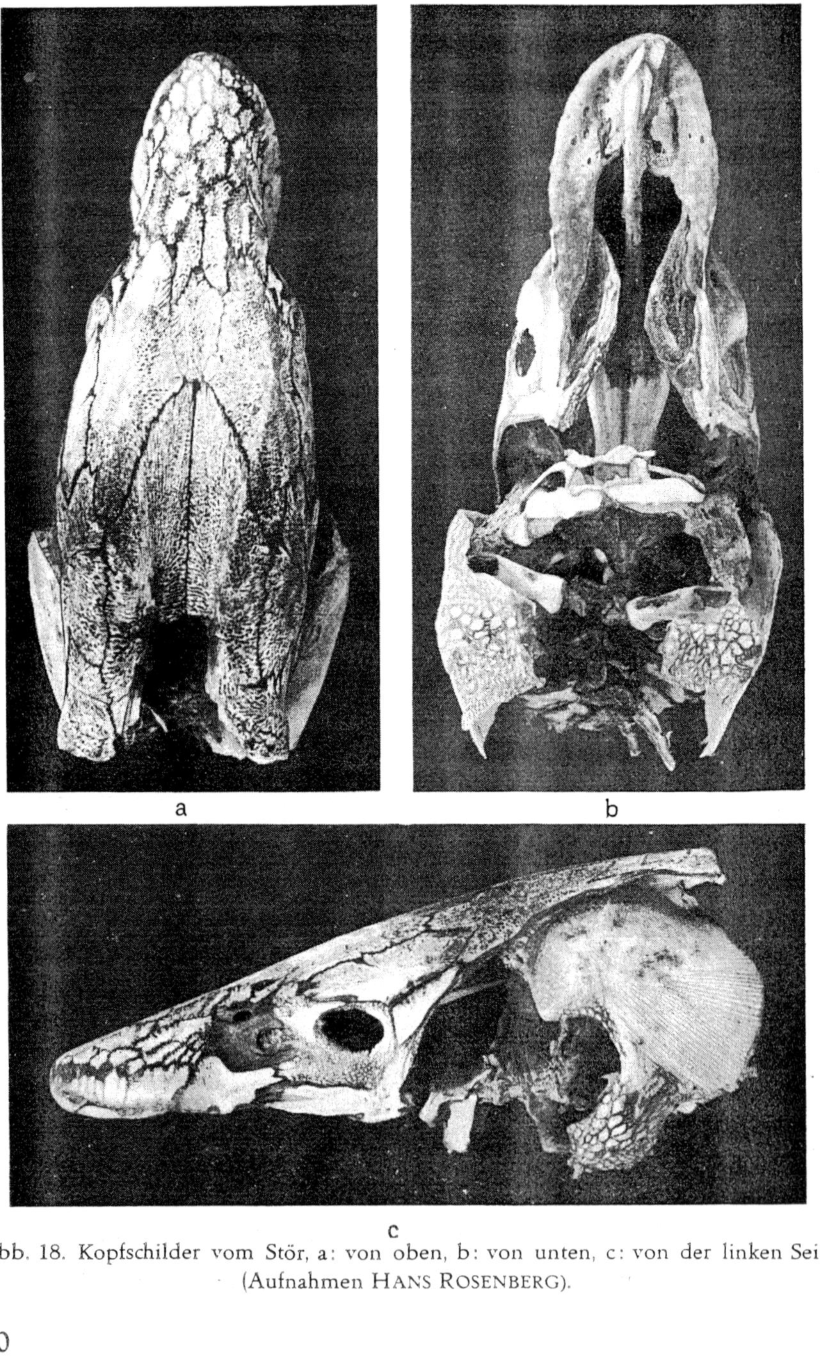

c
Abb. 18. Kopfschilder vom Stör, a: von oben, b: von unten, c: von der linken Seite (Aufnahmen HANS ROSENBERG).

Abb. 19. Lebender Stör mit Dorschen und Rochen zusammen im Aquarium der Tiergrotten Bremerhaven (Aufnahme BATZULAT).

Afterflosse 23—31, die Brustflosse 36—45, die Bauchflosse 26—34 Strahlen. Man kennt die Art bis zu 6 m lang; die Weibchen werden größer als die Männchen.

Der Rücken ist blaugrau bis grünlich, die Seiten sind silbrig grau, der Bauch ist weiß. Die Schilder stechen heller davon ab.

Die Oberseite des Kopfes ist mit einer Anzahl verschieden großer, parkettartig aneinander schließender Knochenplatten bedeckt, an die sich zur Schnauzenspitze hin zahlreiche kleine und weniger regelmäßig geordnete schließen (Abb. 18).

Die Augen sind klein und leicht oval; die Iris ist messinggelb; die schwarze Pupille hat einen grünlichen Schimmer. Vor den Augen liegen zwei Paar Nasenöffnungen, das größere längliche Paar unmittelbar vor den Augen, das kleinere runde etwas mehr nach vorn.

Der Stör ist ein anadromer Wanderfisch; das bedeutet, daß er an sich ein Bewohner des Meeres ist, aber zum Laichen in die Ströme aufsteigt.

Der Stör gilt im allgemeinen als ein träger Fisch, der sich langsam, den Boden nach Nahrung durchwühlend, vorwärts bewegt, gelegentlich aber auch wie ein Torpedo durchs Wasser schießt, auch wilde Luftsprünge macht. Hierauf geht die an der Nordsee zu hörende Redensart zurück: „Springende Störe und tanzende Mädchen

sind schwer zu halten". Auch die amerikanischen Störe machen hohe Luftsprünge. Darüber erzählt REVOIL (übersetzt): „Die Störe von Neu=Braunschweig sind von enormer Größe und erreichen oft eine Länge von 10 bis 12 Fuß. Es ist interessant, sie über die Strom=schnellen springen zu sehen, immer von einem Vorsprung zum nächsten. Hier läuft noch eine Geschichte um, nach der eines Mor=gens ein springender Stör in dem Rindenkanu einer Indianer Squaw landete. Die gute Frau verlor keinen Augenblick die Geistesgegen=wart, warf sich längelang über den Fisch und — in voller Länge über ihm liegend und mit den Händen ihr gebrechliches Fahrzeug vor=wärts paddelnd, schaffte sie beides, Boot und Fisch, sicher ans Ufer."
Oft läßt sich der beim Fang in den Netzmaschen verstrickte große Fisch völlig widerstandslos aus dem Wasser ziehen, gibt aber dann auch wieder plötzlich durch gewaltige Schläge seines scharfbewaff=neten Körpers Beweise seiner Kraft. Er kann mit einem Schlage Arm oder Bein des Fischers bis auf den Knochen, oft auch noch diesen dazu zerschlagen. Übrigens ist auch der jeweilige Ernährungs= und Kräftezustand der Störe maßgebend für den entwickelten Grad von Beweglichkeit. Laichende oder abgelaichte Fische sind naturgemäß schwerfällig und träge; aber die in See angetroffenen Störe, die ent=weder noch weit vom Laichen entfernt sind oder sich als sogenannte rote Störe in einem Zustand der Sterilität oder in einer Pause der ge=schlechtlichen Betätigung befinden, sind ganz außerordentlich leb=haft und beweglich. Ähnliches gilt von den wandernden Stören, die man gleich dem Hausen bisweilen vollständig senkrecht aus dem Wasser herausspringen sieht, z. T. um die Kiemen zu reinigen. Bei den eben erwähnten roten Stören sind die Eierstöcke nicht dunkel gefärbt, sondern weißlich oder rötlich; es sind das aber nicht nur jugendliche Fische, sondern auch große von 25—30 kg.
Vielfach wird behauptet, daß die Störe in gewissen Teilen der Flüsse einen Winterschlaf abhalten, bei dem sie sich mit dem Kopf in den Schlamm einbohren. Vom Sterlet und dem Glattdick kennt man in der Donau solche Überwinterungsstellen genau. Hier werden tiefe Gruben mit hartem tonigem Grund bevorzugt; dort liegen die beiden Arten gänzlich schlaff und fast bewegungslos, ohne Nahrung aufzu=nehmen. Der Hausen überwintert an sehr tiefen Stellen mit schlam=migem oder tonigem Grund; er bevorzugt schwarzen Schlamm.

Abb. 20. Lebender Stör mit Dorschen im Aquarium der Tiergrotten Bremerhaven.

Als Nahrung fand man im Magen des Elb-Störs hauptsächlich niedere Tiere, wie kleine Krebse (Amphipoden und Isopoden), Muscheln und Borstenwürmer. Auch werden gelegentlich kleine Fische aufgenommen, namentlich im Wattengebiet solche, die sich in den Boden einwühlen, wie die verschiedenen Sandaale *(Ammodytes)*. Im Kaspischen Meer werden nach BELOGUROV kleine Fische, wie *Gobius* und *Harengula*, Kleinkrebse, *Chironomys* und Würmer gefressen. Die Nahrung wird wahrscheinlich größtenteils aus dem Boden ausgegraben, und die schaufelförmige Schnauze scheint bei dieser Grabarbeit wesentliche Hilfe zu leisten. Häufiger fangen sich Störe auch an den Langleinen für Schellfisch und Kabeljau, deren Köder sie abfressen wollen. Dasselbe gilt für die jugendlichen Störe in den Flüssen, die sich an mit Würmern beköderten Aalschnüren fangen und auf diese Weise, früher z. B. in der Eider, in bedauerlich großer Zahl vernichtet wurden und werden.

Die zum Laichen aufsteigenden Störe scheinen im Flußgebiet keine oder keine erheblichen Mengen an Nahrung aufzunehmen. Der Aufstieg in die Flußgebiete der Nordsee, besonders in die Elbe, begann gewöhnlich schon Ende April und hielt in den folgenden Monaten an. Als eigentliche Laichzeit ist in diesen Flußläufen der Juni und Juli anzusehen. Als Laichplätze galten die sogenannten Kuhlen inmitten des Flußbettes, also vertiefte Stellen, an denen der laichende

Stör geschützt stehen kann, z. B. die Brockdorfer Kuhlen in der Elbe unterhalb der Störmündung, früher auch die Süderelbe und der Köhlbrand bei Harburg, auch die untere Oste. Doch ist an all diesen Stellen nie natürlich abgelegter Laich gefunden worden.

Die weiblichen Fische, die Rogener, sollen beim Ablaichen von mehreren Männchen, den Milchnern, begleitet sein, die sich gewaltsam an das Weibchen herandrängen und durch Druck oder Reiben der Körperseiten das Austreten der Eier erleichtern. Infolgedessen erscheinen abgelaichte Störe zerkratzt und geschunden.

Die Eier haben in der Reife eine bräunliche bis schwärzliche Farbe und sind von einer starken Schleimhülle umgeben. Mit Einschluß derselben beträgt der Eidurchmesser etwa 3 mm, ohne die Hülle 2,8 bis 2,6 mm. Ein Rogener enthält 400 000 — 2 400 000 Eier.

Die Embryonal-Entwicklung (Abb. 21) verläuft außerordentlich schnell und findet bei den hohen Wassertemperaturen, die im Juli vorherrschen, meist schon nach dreimal 24 Stunden durch das Ausschlüpfen der jungen, kaulquappenähnlichen Störlarven ihren Abschluß. Eben geschlüpfte Larven des Elbstörs waren 9,3 mm lang. Sie haben einen großen Dottersack, der von einem reichverzweigten Gefäßsystem durchzogen ist. Das Blut ist zunächst noch farblos. Im Kopfteil der Larve unterhalb der Gehörblasen sind jederseits zwei Kiemenspalten sichtbar und vor denselben als dritte Öffnung das Spritzloch. Die Augen sind klein und schwach pigmentiert. Unter ihnen liegt auf der Unterseite des Kopfes eine durch besondere Pigmentierung ausgezeichnete seichte Grube, die als Saugscheibe angesprochen worden ist. An dieser Stelle sprossen alsbald zwei Paar Papillen hervor, aus denen später die Bärtel werden.

Die Larven sind ebenso dunkel wie die Eier, wodurch der Vergleich mit Kaulquappen verstärkt wird; namentlich der Dottersack ist sehr dunkel, desgleichen der Darm. Der embryonale Flossensaum ist zunächst farblos. Bei der 11 mm langen Larve ist hinter dem Spritzloch schon ein Kiemendeckel gesproßt, der die ursprünglich freiliegenden Kiemenspalten zum größten Teil bedeckt. In der Gehörblase sind zwei Ansammlungen von sehr feinen Otolithen vorhanden. Der Enddarm ist mit dunklen Kotmassen erfüllt, deren korkzieherähnliche Kontur deutlich das frühzeitige Auftreten der Spiralklappe im Darm erkennen läßt. Am 11. Tag war der Dotter völlig resorbiert.

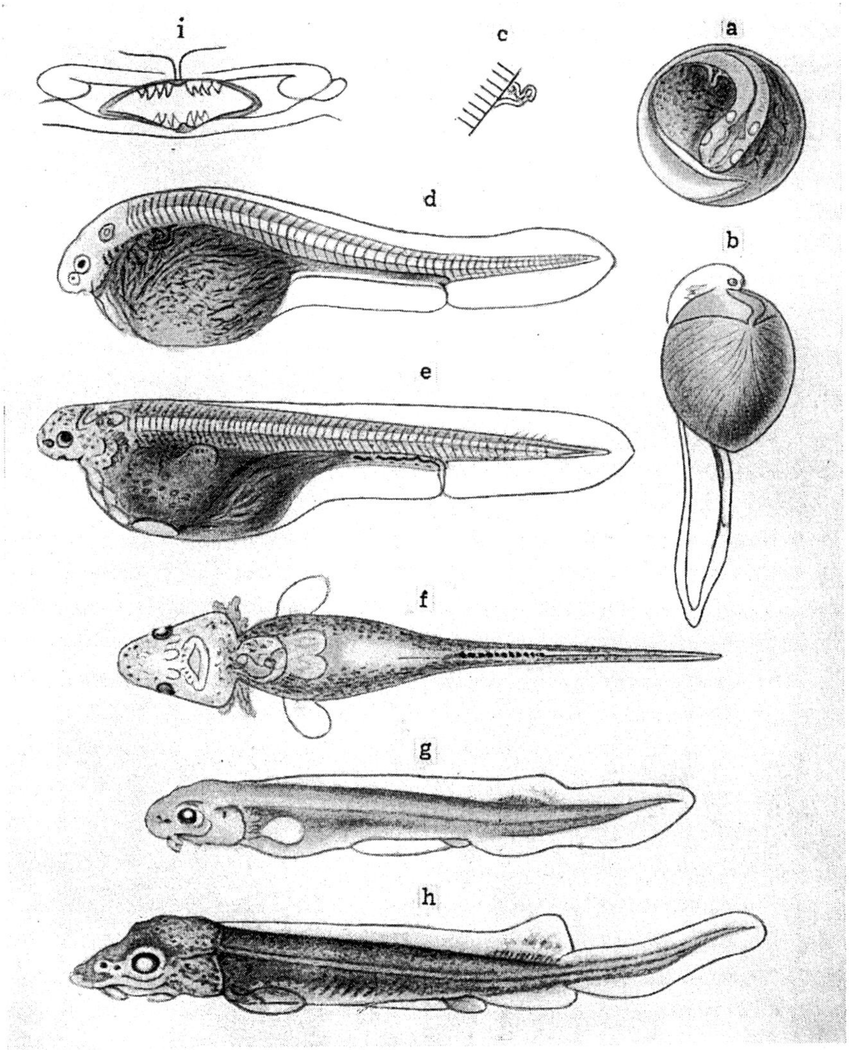

Abb. 21. Embryonal-Entwicklung des Störes (nach EHRENBAUM). a: Ei mit Embryo, 60 Stunden nach der Befruchtung; b: Embryo von 60 Stunden, aus dem Ei geholt; c: schleifenförmiges Organ desselben; d: Larve nach 80-stündiger Inkubation ausgeschlüpft, 9,3 mm lang; e: Larve am 3. Tag nach dem Ausschlüpfen, 11 mm lang; f: Larve am 5. Tag nach dem Ausschlüpfen, 12 mm lang; g: Larve am 7. Tag nach dem Schlüpfen. 13,24 mm lang; h: Larve am 13. Tag nach dem Schlüpfen, 16,5 mm lang; i: Zähne des Ober- und Unterkiefers einer zwei Wochen alten Larve.

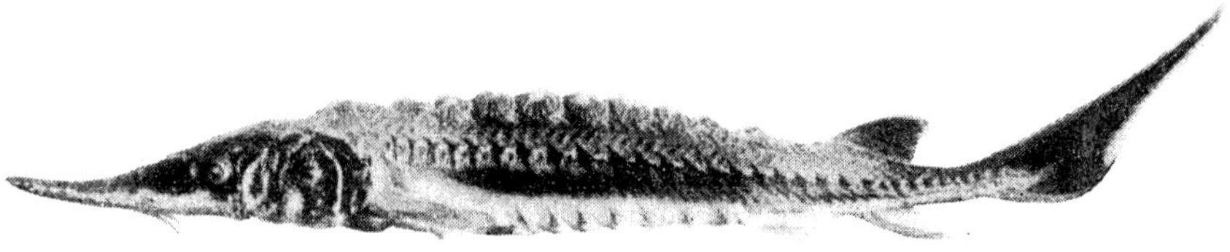

Abb. 22. Junger Stör von 18,3 cm Länge (aus EHRENBAUM).

Schon 7—8 cm lange Jungstöre — die kleinsten, die je in Freiheit gefangen wurden, hatten bereits völlig ausgebildete Hautbewaffnung. Am Ende des ersten Sommers sind sie 11—21 cm, im Mittel 15,5 cm lang, im April des nächsten Jahres 26—30 cm, im Mittel 28 cm. Mangels geeigneter Methoden zur Altersbestimmung beim Stör hat man versucht, die Größenzunahme durch Markierung zu erschließen, und namentlich im Elbgebiet wurde eine größere Zahl untermaßiger Störe mit silbernen Marken an der Rückenflosse versehen und wieder ausgesetzt. Leider wurden nur selten markierte Störe wiedergefangen bzw. abgeliefert. Immerhin ergab sich bei diesen jungen Stören in 10—12 Monaten eine Längenzunahme von 20,5—21,5 cm; indessen fehlt für die Beurteilung des Alters größerer Störe von etwa 1 m an noch jeder Anhalt. Da die vor drei Jahrzehnten von HOLZMAYER referierten Versuche von Altersbestimmungen am Sterlet mit Hilfe von Knochenschliffen offenbar nicht weitergeführt wurden, ist anzunehmen, daß diese Methode zumindest für Reihenuntersuchungen zu umständlich ist, vielleicht auch bei den älteren Jahrgängen enttäuscht.

Über die Dauer des Aufenthaltes der jüngeren Störe im Süßwassergebiet geben die verfügbaren Daten keinen genauen Anhalt. Wohl machte es früher das außerordentlich zahlreiche Vorkommen junger Störe des ersten und zweiten Jahrgangs in der Oste und in der Eider wahrscheinlich, daß diese ihre Geburtsstätte überhaupt noch nicht verlassen hatten, und der nicht seltene Fang von ein- bis zweipfündigen jungen Stören in Größen von 40—60 cm beweist, daß auch dieser Jahrgang im Süßwasser nicht fehlt. Aber es ist nicht sicher, ob sie nicht inzwischen während des Winters schon in der See waren. Bei den Stören von mehr als 100 cm muß man das als sicher annehmen, denn solche werden ebensowohl im Flußgebiet wie in der See regelmäßig gefangen. Leider galten früher solche von 1 m an bereits als marktfähig.

In den Jahren 1911—1913 am Altonaer Fischmarkt angebrachte 137 Störe von 100—160 cm wogen:

Bei Länge von cm	100 – 105	106 – 110	111 – 115	116 – 120	121 – 125	126 – 130	131 – 135	136 – 140	141 – 145	146 – 150	151 – 155	156 – 160
im Mittel in kg	5,5	6,3	7,3	8,0	10,3	11,5	11,5	14,7	16,7	17,7	19,5	23,0
Anzahl	17	15	6	6	11	12	7	9	11	19	12	12

Im ganzen waren in den genannten Jahren am Altonaer Fischmarkt unter 298 Stören von 5—32 kg Gewicht nicht weniger als 263 von 5—20 kg, die alle als noch nicht erwachsen angesehen werden müssen. Die männlichen Störe, die nicht über 2 m lang zu werden scheinen, können schon in einer Größe von 120 cm geschlechtsreif angetroffen werden, die weiblichen jedoch erst mit 150—160 cm, durchschnittlich wahrscheinlich erst mit 170—180 cm zum ersten Male laichen. Es wäre zur Erhaltung der Art nötig, ein so hohes Mindestmaß für den Stör festzusetzen, daß wenigstens der größte Teil der weiblichen Tiere Gelegenheit behält, wenigstens einmal an der Fortpflanzung teilzunehmen. Schon 1877 schrieb DALLMER: „Das Fangen außer der Laichzeit in größeren Gewässern kann den Fischbestand nicht auf die Dauer schädigen.... Laßt die Fische nur ruhig laichen, und dann fangt, was ihr von marktfähigen Exemplaren erreichen könnt; für das Nachwachsen der übrigen sorgt schon die Natur". Beim Störfang aber ist ja gerade das Verderbliche, daß nicht nur die Fische in oder möglichst kurz vor der Laichzeit weggefangen werden, sondern obendrein in so jugendlichem Alter, daß nur durch Zufall Zuchttiere übrigbleiben. Früher konnten so kleine Störe gar nicht gefangen werden, da die Netze bei einer Maschenweite von 18—20 cm von Knoten zu Knoten derartig kleine Jungfische gar nicht zurückhalten konnten. Allmählich ging die Maschenweite aber auf 15—12,5 cm zurück.

Viel Abbruch wurde dem Jungstörbestand durch die Schleppnetze der Fischdampfer getan, besonders in den Monaten von November bis Januar. Der in dieser Beziehung bemerkenswerteste Fang wurde im Februar 1891 von einem Dampfer an den Altonaer Markt gebracht; er bestand aus 127 Stören, unter denen 15 Stück von 1,05 bis 120 cm, 35 von 120—150 cm maßen, während die übrigen größer waren. Nach 1896 nahm die Zahl der Störe in den Dampferfängen wieder ab.

4. Der Störfang

Fanggebiete für gewerbsmäßigen Störfang sind bzw. waren Europa, Asien und Nordamerika. Bis Mitte des 19. Jahrhunderts waren die in den Atlantischen Ozean einmündenden Flüsse sehr reich an Stören. Aber Zunahme des starken Dampferverkehrs, Ausbaggerungen, Flußbegradigungen, Wasserverunreinigungen und namentlich Überfischung sorgten dafür, daß in weiten Teilen des ehemaligen Verbreitungsgebiets die Tiere so selten wurden, daß nur noch gelegentlich ein einzelnes gefangen werden kann.

An der Spitze aller Störflüsse ist nach wie vor die Wolga zu nennen, in deren Delta sich die günstigsten Laichplätze für alle Arten finden. Aber auch in eine große Zahl anderer Flüsse, die wie Sulak, Kura, Asanguli, Emba und Ural in das Kaspische Meer münden, steigen zur Laichzeit große Mengen Störe auf. Zwar werden auch in den großen Flüssen der asiatischen Sowjet-Union, Ob, Jenessei, Lena, Kolyma und Amur überall Hausen und Stör gefangen, aber nirgends in so großen Mengen wie in den ins Kaspische Meer mündenden. In Euphrat und Tigris kommt der Stör ebenfalls vor, aber die dort wohnenden Mohamedaner essen aus rituellen Gründen kein Störfleisch, und deshalb findet dort keine Störfischerei statt. Im Aralsee gibt es große Mengen Waxdick, doch ist dort der gewerbsmäßige Fang gering.

In Nordamerika werden Störe im Delaware und besonders in den großen Seen gefangen, doch mußten auch von denen viele wie die deutschen Flüsse einen großen Teil des Bestandes der Dampfschiffahrt und der Industrialisierung zum Opfer bringen. Überdies hat auch dort die Raubfischerei nicht wieder gut zu machende Schäden angerichtet. In der Hudson Bay und den in sie einmündenden Strömen sowie in denen der Pazifik-Küste ist es ähnlich wie in den sibirischen Flüssen. Es finden sich dort zwar Störe, aber nicht in so großen Mengen, daß sich dort eine Industrie gleich der am Kaspischen und am Schwarzen Meer entwickeln könnte. Immerhin hat ein

Exporteur vom Delaware um 1908 herum 55000 kg Kaviar allein nach Hamburg geliefert. Dieser Kaviar wurde zur Hauptsache als „Elbkaviar" in Deutschland verkauft; er war aber so lieblos behandelt, daß er dazu beigetragen hat, den Elbkaviar in einen wenig vorteilhaften Ruf geraten zu lassen.

Der Störfang geht auf verschiedene Weise vor sich, die von Strömungs- und Tiefenverhältnissen abhängt.

An den Flußmündungen und in der See, wo nur geringe oder gar keine Strömung ist, wird der Stör mit Stellnetz, Treibnetz oder Langleine gefangen. Bei Stell- und Treibnetzen richtet sich die Maschenweite nach der Störart, der die besondere Fischerei gilt, da ja die dagegen schwimmenden Fische sich darin verstricken sollen. Die Länge der Netzfleet ist verschieden, Tiefe und Höheneinstellung richten sich nach der Tiefe des Fangplatzes.

Es sei noch eine eigenartige Störfang-Methode erwähnt, die zweimal im Jahr von den Uralkosaken im Uralfluß betrieben wird. Zum Schutz des dortigen Fischreichtums haben die Kosaken sehr strenge Gesetze erlassen. So darf der Fluß von keinerlei Segelfahrzeug befahren werden, von Dampfern gar nicht zu reden. Nur zweimal im Jahre, jedesmal 14 Tage lang, darf dort gefischt werden, was dann unter Beteiligung der gesamten Bevölkerung geschieht. Die erste Fangzeit (Plawnaja) liegt im Herbst, und der Fang geschieht mit Treibnetzen auf gleiche Weise wie in anderen Flüssen am Kaspischen Meer. Da mehrere Hunderte von Kosaken am Fang teilnehmen, folgen die Netze ziemlich dicht aufeinander.

Die Winterfischerei (Bagornaja) findet bei Eis statt. Eine große Zahl mit Harpunen bewaffneter Kosaken umringt einen Flußabschnitt. Bei einem gegebenen Zeichen wird eine Kanone abgeschossen, und jeder schlägt dann da, wo er steht, ein Loch ins Eis und versucht dorthindurch einen der durch den Lärm aufgescheuchten Störe zu harpunieren. Die Kosaken, die bei dieser Fischereiart von Weib und Kind begleitet sind, die auf einem Schlitten die Kochgerätschaften und Zelte mitführen, verziehen sich, wenn sie einen Flußabschnitt so ausgefischt haben, etwas weiter flußabwärts, und so weiter bis zur Mündung.

Der gefangene Fisch wird von Aufkäufern übernommen, die überall hinkommen mit Wagen oder Schlitten, auf denen sie Zelte und alles

Abb. 23 Störfischer auf der Außenelbe (nach MOHR).

für die Kaviarverarbeitung Nötige mitführen. Der Kaviar wird an Ort und Stelle bearbeitet, und der geschlachtete Fisch frisch oder gefroren an die nächste Eisenbahnstation gebracht und den verschiedenen Märkten zugeführt.

Im Elbgebiet wurden in früheren Jahren die meisten Störe zwischen Finkenwärder und Brunsbüttel gefangen, namentlich in der Este und der Süderelbe. Auch in der Stör und der Oste wurden gute Fänge gemacht. Allmählich verschob sich das Hauptfanggebiet seewärts, besonders nach den Watten zwischen Elb- und Eidermündung. In diesen Gewässern können nur größere, seetüchtige Fahrzeuge arbeiten, und so fand man dort zur Hauptsache Altenwerder und Finkenwärder Wattfischer sowie Finkenwärder und Blankeneser Hochsee-Kutterfischer.

Aber auch dort draußen ging der Fang rasch zurück. Noch 1915 sah ich regelmäßig vor Norder- und Süder Piep und Eidermündung zwei Störfischer in etlicher Entfernung von der Büsumer Krabbenfischer-

Abb. 24 Störfischer auf der Außenelbe haben einen großen Stör an Bord genommen (nach MOHR).

flotte, mit der ich viel draußen war, dem Fang obliegen (Abb. 23, 24); aber seit 1916 befaßte sich kein Fahrzeug mehr ausschließlich mit der Störfischerei.

Der Störfang geschah und geschieht mit dem Pümpelgarn, einem großen einwandigen Netz ohne Bleisimm. Es wird von einer Anzahl kegelförmiger Schwimmhölzer — den Pümpeln — so gehalten, daß der untere Netzrand über den Grund schleift (Abb. 26). Der Stör verwickelt sich in dem losen Garn, bringt dadurch die über ihm schwimmenden Hölzer ins Dümpeln und zeigt so dem Fischer, an welcher Stelle er das Netz vorsichtig aufnehmen muß. Einen großen Stör zu bergen, ist ein gut Teil Arbeit. Wenn der Fisch zu groß ist, um in der Bünn untergebracht zu werden, wird ihm eine Leine durch Maul und Kiemenöffnung gezogen und verknotet. So gesichert, wird der Stör außenbords festgemacht und mitgeschleppt. Er kann solche Behandlung acht Tage und länger aushalten (Abb. 27).

Gelegentlich halten auch andere Geräte Störe fest, werden allerdings

Abb. 25. Zwei Störe im Büsumer Hafen um 1914 (Aufnahme AD. KNÜPPEL).

durch die kräftigen Tiere oft stark beschädigt. Ich sah nicht selten um 1914—1915 kleinere Störe in der Krabbenkurre gefangen.
Die Fischerei auf den Sterlet findet an der unteren Donau mit großen, von zwei Booten dirigierten Zugnetzen statt, wie sie auch zum Fang der dortigen Maifisch-Formen benutzt werden, auch mit einer Art Hebenetz. Vielfach wird der Sterlet auch mit Legeangeln gefangen, deren zahlreiche Haken in Abständen von etwa 1 m an einer langen, auf den Grund versenkten Schnur befestigt und meist mit Rusalien-Larven (Eintagsfliegen der Gattung *Palingenia)* beködert sind. Hauptsächlich zu jener Zeit, in der diese Larven fehlen, wird auch mit unbeköderten Haken gefischt. So benutzen an der Save bei Gradiska die Fischer eine Langleine, von der in Abständen von 1—2 m kurze Seitenleinen abzweigen. Am Ende dieser etwa meterlangen Seitenschnüre sind große, starke Angelhaken angebracht, an deren Bug mit einem Faden ein Kork angebunden wird. Die meist quer durch den Fluß gelegte Leine wird verankert und beschwert und liegt nahe am Grunde. Durch die Korke werden die Seitenschnüre senkrecht in die Höhe gezogen, und die unbeköderten Haken blänkern in der lebhaften Strömung. Die Sterlets sollen diese ihnen un-

Abb. 26. Das im Nordseegebiet zum Störfang benutzte Pümpelgarn (nach MOHR).

bekannten Gegenstände neugierig umschwimmen, wohl auch spielerisch mit dem Schwanz danach schlagen und sich so den Haken in das Fleisch reißen. Es werden aber ebensoviele Sterlets am Schwanz wie am Bauch gefangen, manche auch mit der Rückengegend. Oft dringt der Haken bis in die Leibeshöhle ein, und die Fische reißen

Abb. 27. Drei Eider-Störe werden mit einem durch Maul und Kiemen gezogenen Tau zum Schlachten an Land geschafft (aus STEINERT, Naturw.-Techn. Zft. f. Jedermann ORION, Murnau/Obb.).

sich bei den gewaltsamen Befreiungsversuchen tiefe und große Löcher in die Muskulatur. Aber selbst wenn der Rogen von außen zu sehen ist, scheinen die Fische in einem großen Hälter im Strom wenig unter der furchtbaren Verwundung zu leiden. Sie halten sich darin wochenlang ohne Anzeichen von Ermattung oder Krankheit, verpilzen auch nicht.

In Rumänien und namentlich in den sowjetischen Zuflüssen des Schwarzen und des Kaspischen Meeres und in den Küstenregionen wird vielfach auf die gleiche Weise auf die großen Störarten gefischt

Abb. 28. Sommerniederlassung der Störfischer an der Küste südlich St. Georgs-Mündung (aus MARCUS).

(Abb. 28), natürlich unter Verwendung größerer Haken. Die Schilderungen weichen etwas voneinander ab. So wird mehrfach angegeben, daß besonders stark silberglänzende Haken die Neugierde der Hausen usw. erregen, und daß man die Haken sorgfältig einfette, um ein Rosten zu verhindern und den Glanz möglichst zu erhalten. Andere Berichterstatter, die offenbar nicht recht an die Neugierde der Fische glauben, schildern die Sache so, daß die Haken in ganz kurzen Entfernungen, 20—30 cm voneinander, angebracht seien, so daß die zwischen ihnen hindurch schwimmenden großen Fische sich fangen müßten. Wenigstens für den Sterlet ist das sicher nicht nötig, denn z. B. in der Save beträgt die Entfernung der Seitenschnüre voneinander mindestens 1 m, so daß die Fische sehr leicht zwischen ihnen hätten hindurchschwimmen können.
In Österreich wird der Sterlet nur mit der mit Regenwürmern beköderten Angel gefangen, außerdem mehr oder weniger zufällig beim Fang anderer Fische im Netz. Eine besondere Sterlet-Fischerei lohnt in Österreich nicht.

5. Die Verwertung

a. Fleisch

Die Bewertung des Störfleisches ist länderweise sehr verschieden. Im Mittelalter war es sehr angesehen, und in England und Frankreich gehörte es zu den Vorrechten der Herrscher und reichsten Adligen, daß die gefangenen Störe ihnen überlassen wurden.

„Schicket den Acipenser zu palatinischen Tischen,
das ambrosische Mahl schmücke das seltne Gericht",

läßt MARTIAL sich vernehmen. Von reichen Gastgebern Roms wurde der Stör schön ausgeschmückt und mit Blumen bekränzt auf die Tafel gebracht — eine poetische Vorübung für unsere heutige Sitte, Fischgerichte mit Petersilie zu garnieren. In Griechenland galt der Stör als edelste Speise; in China war sein dortiger Verwandter *(Acipenser sinensis)* der Tafel des Kaisers vorbehalten.
Mit geringen Ausnahmen haben alle Störarten ein sehr wohlschmeckendes Fleisch. Am höchsten wird das des Sterlets geschätzt, das am liebsten frisch gekocht genossen wird. Das Fleisch des Gemeinen Störs ist meist sehr fett; deshalb gibt es besonders geräuchert

eine delikate Speise, wird aber auch gekocht und in Form von Fisch-koteletten auf den Tisch gebracht. Wenn an vielen Orten behauptet wird, daß noch die Dienstmädchen des vorigen Jahrhunderts sich kontraktlich verbaten, mehr als zwei- bis dreimal in der Woche Stör essen zu müssen (andernorts wird das gleiche über den Verzehr von Lachs behauptet), so war das bei uns in Norddeutschland kein Ausdruck dafür, daß es sich um etwas wenig Wertvolles handelte, sondern nur dafür, daß er zu oft auf dem Tisch erschien. Alle Tage Stör ermüdet halt ebenso wie alle Tage Rebhuhn.

Für die Niederlande gibt SCHLEGEL 1862, für Dänemark KRØYER 1853 an, daß das Fleisch wenig beliebt, fast unverkäuflich sei und nicht verwertet werde. Heute scheint man auch in diesen Nachbarländern auf den Geschmack gekommen zu sein, doch ist es heute im wesentlichen nur noch eine „platonische Liebe".

Eingesalzen wird Störfleisch nur in der Sowjet-Union, da man aus klimatischen Gründen darauf angewiesen ist. Bei den abseits liegenden Fischereien, denen weder Eis noch Gefriereinrichtungen zur Verfügung stehen, wird eingepökelt. Das geht so vor sich, daß die Fische nach der Sortierung soweit wie möglich unzerteilt in große, in die Erde eingelassene Holzbottiche gelegt werden. Solche Bottiche können bis zu 1000 Pud (1 Pud = 16,38 kg) aufnehmen. Kopf und Flossen bleiben am Fisch. Von innen her wird ein langer Längsschnitt gelegt, der das dicke Rückenfleisch teilt, bis zur Haut geht und so dem Salz das Eindringen erleichtert. Sehr große Fische werden in passende Stücke zerteilt und in gleicher Weise gesalzen.

An einer großen Zahl von Fangplätzen erlaubt das Klima die Versendung in gefrorenem Zustand, und der Händler schneidet dann dem Verbraucher ein Stück in der gewünschten Größe ab. Bei dem großen Preisunterschied zwischen gesalzenem und gefrorenem Störfleisch ist man mehr und mehr dazu übergegangen, auch in der warmen Jahreszeit den Fisch gefroren anzubieten. Die Durchführung der Eisenbahn bis zu den Fischereiplätzen am Kaspischen Meer erleichtert diese Umstellung.

Balyk ist getrockneter Stör- oder Hausenrücken und gilt mit Recht in der ganzen Sowjet-Union als große Delikatesse. Nachdem die Eingeweide ausgenommen sind, werden Kopf und Flossen entfernt; nur die Schwanzflosse bleibt dran. Danach wird der Fisch 12—14 Tage lang gewürzt und gesalzen, dann einen Tag lang mit Frischwasser gewässert, und die nicht ganz glatten Schnittflächen bei den Flossen werden glattgeschnitten. Dann wird der ganze Fisch mit einer Salpeterlösung bestrichen und am Schwanz zum Trocknen an ein 6 bis 10 m hohes Gestell, die sogenannte Balyschnaja, gehängt, wie man sie in der Sowjet-Union an jedem Fischereiplatz findet. Guten Balyk kann man nur im Frühjahr bereiten, wenn die Luft den Fisch so schnell trocknen kann, daß er nicht verdirbt. Bei gutem, trocknem Wetter kann der Balyk in 17—21 Tagen fertig sein und ist so haltbar, daß man ihn über die ganze Sowjet-Union versenden kann. In luftigen, trockenen Räumen kann der Balyk noch mehrere Monate aufbewahrt werden. Je weniger der Balyk gesalzen ist, desto besser wird er bezahlt. Zum Verzehr wird er in dünne Scheiben, die wie Perlmutter glänzen, geschnitten und als Aufschnitt benutzt.

b. Kaviar

Das Wort „Kaviar" soll nach SCHWARZ 1949 zum erstenmal 1458 vorgekommen sein in einer Abhandlung von PLATINA, Hofmeister des Papstes PIUS II.

Schon seit Jahrhunderten ist der Kaviar, russisch Ikra, ein überall hochgeschätztes und teuer bezahltes Genußmittel. Für die gewerbsmäßige Herstellung von Kaviar kommen in Betracht Hausen (Beluga), Stör (Osetr), Sternhausen (Sewruga) und Dick (Schyp). Eine 5. Art, der hauptsächlich durch sein vorzügliches Fleisch bekannte Sterlet, kommt für gewerbsmäßige Kaviar-Gewinnung nicht in Frage. Je nach der Größe der Störart ist das Rogenkorn und dementsprechend das Korn des Kaviars verschieden groß. Der grobkörnige silbergraue Kaviar vom Hausen ist am beliebtesten und wird am teuersten bezahlt. Zur Herstellung des Kaviars ist nur Rogen verwendbar, der schon ziemlich weit entwickelt ist, aber seine volle Reife noch nicht erreicht hat. Fließt der Laich schon, so ist er zur Kaviarbereitung nicht mehr zu gebrauchen. Der Rogen wird aus dem Fisch herausgenommen und auf grobe Siebe gelegt, wo er durch vorsichtiges Bürsten und Peitschen mit Ruten von anhängenden Gewebsteilen befreit wird. In den Gefäßen, die zum Auffangen der durch das Sieb fallenden Eier dienen, wird er mit wenigen, höchstens 10 bis 15, bei feineren Sorten aber nur 3—4 Gewichtsprozenten Trockensalz verrührt und ist sofort, d.h. schon eine halbe Stunde nach der Entnahme aus dem erbeuteten Fisch genießbar. Der Geschmack des Kaviars ist um so feiner, je früher nach der Zubereitung er genossen wird, denn der Wohlgeschmack wird wesentlich durch die Stärke des Salzens beeinflußt, und dieses kann um so schwächer ausfallen, je weniger die Ware auf Haltbarkeit berechnet ist. Deshalb heißt auch der feinste und wertvollste Kaviar „Malosol" (Malo = wenig, sol = Salz). Malosol ist also beim körnigen Kaviar ebenso eine Bezeichnung für ein Spitzenerzeugnis wie Rießling und Auslese beim Wein. Malosol wird in Blechdosen, stärker gesalzener Kaviar in Eichenholzfässer verpackt.

Für Preßkaviar wird der gereinigte Rogen in warmes Salzwasser gelegt und so lange umgerührt, wie die Jahreszeit und die Beschaffenheit des Kaviars es erfordern. Danach kommt er in Bast- oder Leinenbeutel, und in einer Presse wird die Lake so weit ausgedrückt, daß die Rogenkörner eine geschlossene Masse bilden. Der so entstehende Gewichtsverlust beträgt etwa 30 %. In neuerer Zeit, wo man wegen des hohen Rohstoffpreises den Gewichtsverlust soweit wie möglich einzuschränken wünscht, werden die Säcke oft nicht mehr gepreßt („Servietten-Kaviar"), sondern für einige Zeit aufgehängt, so daß die Lake abtropfen kann. Das so gefertigte Produkt bleibt weicher, und die Verbraucherschaft hat sich so sehr daran gewöhnt, daß sie nun auch den Preßkaviar möglichst wenig gesalzen wünscht. In Deutschland ist Preßkaviar fast unbekannt.

Beim Malosol wurden früher außer Trockensalz auch andere Konservierungsmittel benutzt, doch ergaben sich Schwierigkeiten, da deren Verwendung im Gegensatz zur Nahrungsmittelgesetzgebung verschiedener Empfängerländer stand bzw. steht.

Während der beste Kaviar in Blechdosen von 1,6 kg (4 Pfund russisch) Inhalt konserviert wird, die zu 54 Stück mit Eis in Fässern verpackt werden, salzt man die weniger guten Qualitäten in Fässer von 65 kg ein. Der Preßkaviar kommt in Fässern von 80 kg Inhalt zum Versand.

Um auch im Winter ganz frischen Kaviar zu haben, zu einer Zeit, wo schon die Außentemperatur eine schwache Salzung genügen läßt, verschafft man sich die Fische so, daß man solche aus früheren Fängen in langen Fischkästen am Leben hält und dann nach Bedarf schlach-

Abb. 29. Kaviar in Dosen. – Rechts Originaldose mit persischem Kaviar vom Kaspischen Meer, daneben drei verschieden große Dosen der einzigen deutschen Spezialfirma für Kaviar-Import und Export, Kaviar-Christensen in Hamburg. Die dazwischen liegenden Gummiringe dienen zum Verschließen der Dosen (Aufnahme HANS ROSENBERG).

Abb. 30. Kaviar in Gläsern. – Links 2 russische Originalgläser für je 56 g mit Sewruga-Kaviar vom Sternhausen; rechts Glas für 30 g russischen Kaviar, abgefüllt bei der Firma Kaviar-Christensen in Hamburg (Aufnahme HANS ROSENBERG).

tet. Diese Hälter werden sogar die Wolga hinaufgeschleppt und erlauben, die Großstädte das ganze Jahr hindurch mit frischem Kaviar zu versorgen. Kaviar verlangt zu seiner Erhaltung andauernde Behandlung mit Eis. Ist er in Dosen, so müssen diese in Eis verpackt werden, ebenso wie die Fässer in Kühlwagen transportiert und in Kühlhäusern aufbewahrt werden müssen. Mit Recht wird er selbst auf Eis auf die Tafel gebracht. So hat dementsprechend die einzige deutsche Kaviar-Spezialfirma „Kaviar-Christensen“ in Hamburg in ihren Lieferungsbedingungen die Formel: „Russische Originaldosen werden nur im Eiskorb per Expreßgut verladen.“ Diese Firma bietet 1952 russische Originaldosen von 125, 250 und 500 g, Gläser mit 28, 56 und 113 g, russischen Malosol-Kaviar aus eigener Abfüllung in Gläsern zu 30 und 50 g an (Abb. 29 und 30). Angeboten werden die Sorten Sewruga, Ship und Beluga, letzterer der teuerste, Sewruga der am wenigsten teure.

Abb. 31. Seehase oder Lump *(Cyclopterus lumpus)* bewacht seinen Laichklumpen, aus dem der deutsche Kaviar hergestellt wird (Aufnahme F. SCHENSKY).

In Kriegszeiten wurde Dorsch- und Heringsrogen zu „deutschem Kaviar" verarbeitet — ein stark gesalzenes, keineswegs hochwertiges Produkt. Der heutige durchaus qualitätvolle „Deutsche Kaviar" wird fast ausschließlich aus dem Rogen des Seehasen *(Cyclopterus lumpus)*, auch Lump genannt, gewonnen (Abb. 31).
An der Adria wird als Spezialität die Bearbeitung des Rogens von Meeräschen *(Mugil cephalus)* betrieben. Dieser Rogen wird nach sorgfältiger Entfernung aller Blutgefäße in irdene Gefäße gelegt, mit Trockensalz bedeckt und beschwert, bis der Rogen eine gewisse Konsistenz gewonnen hat. Darauf wird er herausgenommen, ein Teil des anhaftenden Salzes entfernt und die einzelnen Stücke geräuchert. Dieser gesalzene, gepreßte und geräucherte Meeräschen-Kaviar wird Bottarga genannt.
Die Sowjet-Union als die eigentliche Heimat der Störe ist auch das Hauptproduktionsland für Kaviar, und zwar ganz besonders die Ge-

gend um das Kaspische Meer und seiner Zuflüsse. Trotz starken Rückgangs der Fischerei wurden in Rußland vor 1914 noch etwa 550 000 kg Kaviar gewonnen, wovon etwa 350 000 kg im Werte von 8½ Millionen Mark auf den deutschen Markt gelangten.
Erst 1922 begann wieder ein regelmäßiger Export des frischen Malosol aus der Sowjet-Union. 1922 betrug die Ausfuhr 3000 Pud (1 Pud = 16,38 kg). 1923 wurden 12 500 Pud ausgeführt, davon allerdings nur 5500 Pud körnigen Kaviar, 1924 ebenfalls 12 500 Pud, davon jedoch 9500 Pud körnig. Dann stieg der Export zwar weiter an, war aber schon 1939 wieder etwas zurückgegangen.

c. Hausenblase

Aus der großen Schwimmblase der störartigen Fische, besonders des Hausens, wird Hausenblase und Fischleim gewonnen, die man in der chemischen Industrie, Seidenfärberei und Weinkelterei benutzt. Nachdem die Eingeweide aus dem geschlachteten Fisch herausgenommen sind, liegt die Schwimmblase frei (Abb. 3). Sie wird nun sehr vorsichtig ausgelöst, wobei möglichst vermieden werden muß, daß sie mit Blut verunreinigt wird. Bei Verunreinigung durch Blut muß dieses durch mehrfach gewechseltes Salzwasser ausgewaschen werden. Die außen mit einer schwarzpigmentierten Haut umgebene Schwimmblase wird der Länge nach aufgeschnitten, so daß sie in ganzer Länge flach ausgebreitet werden kann. Danach wird sie mit der schwarzen Seite nach unten auf einer besonders dafür eingerichteten Holztafel aufgespannt und zum Trocknen an eine luftige Stelle gebracht, jedoch nicht in die Sonne. Nachdem die weiße Seite so weit getrocknet ist, daß sie zusammenhält, wird die noch feuchte schwarze Haut sorgfältig entfernt. Sie kann auch mit Hilfe von schwefliger Säure gebleicht werden. Dann wird die Blase vollständig getrocknet und in Bündel von etwa 1 Pud zusammengeschnürt. Blasen vom Hausen, die voll ausgebreitet einen Durchmesser von bis zu 75 cm haben, werden in Bündeln von 4—5 Pud vereinigt.
Die Hausenblase stellt eine hornartige, gelblichweiße oder bläuliche Masse dar, die — ohne Geruch und Geschmack — von zäher, faseriger Konsistenz ist. Im kalten Wasser quillt sie auf und wird dabei undurchsichtig. Sie ist in Alkohol und in heißem Wasser löslich und

wird beim Verdunsten des Lösungsmittels zu einer farblosen Gallerte.

Hausenblase wird zum Leimen benutzt und ist als Fischleim bekannt, ferner zur Bereitung des „englischen Heftpflasters" sowie eines Kittes für Glas und Porzellan, zur Herstellung von Speisegallerten, zur Anfertigung durchsichtiger Oblaten, „Hornbildern", zum Klären von Wein und Bier.

Zum Klären wird die Hausenblase geklopft, zerschnitten, in Wein oder Bier geweicht und durch Zusatz von heißem Wasser gelöst. Diese Lösung drückt man durch Leinwand, setzt noch etwas Wein resp. Bier zu und peitscht sie 1/4 Stunde mit einer Rute, worauf sie dem zu klärenden Wein oder Bier zugesetzt wird. Man nennt sie „Schöne". Indem die Schöne sich nun langsam zu Boden schlägt, reißt sie die feinverteilten festen Bestandteile, welche die Trübung hervorriefen, mit zu Boden, so daß nach mehreren Wochen die klare Flüssigkeit abgezogen werden kann.

Im Lauf der Zeit entstand die Gewohnheit, alles, was an Fischleim und Fischblasen für die gleichen Zwecke benutzt wird, als „Hausenblase" zu bezeichnen, auch wenn die Masse aus völlig anderen Fischarten gewonnen wird. Im englischen Sprachgebrauch wird die Hausenblase „Isinglass" genannt. Nach der Form unterscheidet der Handel Ringel-, Klammer-, Bücher-, Blätter-, Zungen-, Band- und Faden-Hausenblase. Ferner kennt der Handel nach SCHLOTT folgende Sorten:

1. Russische Hausenblase. — Sie gilt als die beste. Ihre Untersorten sind die astrachanische, uralische, sibirische und Samovy-Hausenblase. Letztere soll vom Flußwels stammen. Die feinsten Blasen kommen vom Kura-Fluß und stammen vom Sewruga, dem Sternhausen. Der Export betrug in Friedenszeiten etwa 100 000 kg jährlich. Als bekannte Handelsmarke russischer Hausenblase sei hier „Patriarch gut" (Prima Solianski) erwähnt.
2. Nordamerikanische Hausenblase. — Die erste Qualität stammt von der Schwimmblase von *Urophycis*, die zweite vom Dorsch.
3. Ostindische Hausenblase. — Sie kommt in Blattform oder als Beutel auf den Markt und rührt vom „Fingerfisch" her. Ihre Qualität ist gering, während die auf den Philippinen gewonnene „Manila-Hausenblase" höher bewertet wird.

4. Hudsonbay=Hausenblase ist hochwertig und kommt in Form von langen schmalen Zungen oder als 75 g schwere, bis 36 cm lange Beutel in den Handel.
5. Brasilianische Hausenblase wird aus der Schwimmblase von Welsen, namentlich *Arius*=Arten gewonnen, kommt in Klumpen=, Pfeifen= und Honigscheiben=Form in den Handel, heißt auch „Cayenne=Hausenblase" und ist minderwertig. Auch die Blase einer bis ins Meer absteigenden Welsart wird hierzu benutzt.
6. Deutsche Hausenblase stammt vom Stör.

d. Rückensaite

Eine russische Spezialität ist die Verwertung der Chorda dorsalis, der Rückensaite der Störarten. Sie kommt getrocknet unter dem Namen Visiga oder Wjasiga in den Handel. Die Saite wird ausgelöst, die innere gallertige Kernmasse herausgepreßt, dann der Länge nach aufgeschnitten, in Salzwasser vom Blut gereinigt und dann zum Trocknen luftig aufgehängt. Wenn vollständig trocken, werden 15 bis 20 zusammengeflochten, und 30 bis 50 solcher Zöpfe machen ein Bund von 1—5 Pud, so wie es in den Handel kommt. Wjasiga findet in der Sowjet=Union sehr gute Preise, namentlich wenn sie sich durch besondere Weiße auszeichnet. Es wird benutzt zur Zubereitung der hier sehr beliebten Fischsuppen und Fleischpasteten (Pirok), die in Kuchenform gebacken werden. Im alten Rußland durfte bei Geburtstagen niemals Wjasiga im Pirok fehlen.

e. Fett

Der Hausen enthält zuzeiten eine dicke Lage Eingeweidefett. Am Kaspischen Meer findet man es in geringerer Menge als am Amur, wo mancher Hausen 20—30 kg gelbliches Fett haben kann. Man gewinnt daraus ein Öl von vorzüglichem Geschmack, das zu guten Preisen als Speiseöl verkauft und unter anderem bei der Konservenfabrikation benutzt wird.

f. Knochen

Die Verarbeitung der Knochen, die bei großen Hausen ein Gewicht von 100 kg haben können, ist im europäischen Teil der Sowjet=Union nicht gebräuchlich, werden hier jedoch gesalzen oder frisch billig verkauft und zu der beliebten Ucha, der Fischsuppe, verwendet. In Sibirien ist allerdings das Fleisch so billig, daß man nicht für den eigenen Gebrauch Knochen auskocht, sondern sie nach China exportiert.

Die Knochen werden in Stücke von 3—5 Pfund zerschlagen und so lange in großen Wasserkesseln gekocht, bis Fett und Fleisch sich leicht ablösen lassen. Danach werden die gereinigten Knochen so lange ins Wasser gelegt, bis das Fett völlig ausgezogen ist. Mit scharfen Bürsten, Holzprickeln und viel heißem Wasser wird der letzte Fettrest entfernt; die nun vollständig sauberen elfenbeinfarbenen Knochen werden auf eine Schnur gezogen und für 2—3 Wochen zum Trocknen luftig aufgehängt. Die Knochen sind nun stark eingetrocknet, sehr leicht, weiß und durchsichtig. Dann werden sie in Säcke verpackt und nach China verkauft, wo sie in Wasser gekocht eine große Delikatesse der chinesischen Küche sind.

6. Die „gute alte Zeit" und der heutige Stand

Früher waren die Störe nicht nur weit zahlreicher als heute, sie stiegen auch viel höher in die Ströme hinauf.

Mit die früheste Nachricht über Störe scheint HERODOT gegeben zu haben. Dieser griechische Schriftsteller verfaßte 450 v. Chr. ein Werk, in dem auch der Stör des Dnjepr erwähnt wird.

1871 wurde an den St. Pauli-Landungsbrücken in Hamburg eine Fischhalle von 580 qm Grundfläche erbaut; sie lag neben der 230 qm großen Störhalle. Solche große Bauten errichtet der gut rechnende Hamburger Kaufmann bestimmt nur, wenn ein dringender Bedarf vorliegt und es gar nicht mehr anders geht. Eine 230 qm große Halle nur für Störe spricht deutlich von der damals noch blühenden Störfischerei (Abb. 32—34).

CARL HAGENBECK, der bekannte Begründer des Stellinger Tierparks, dessen Vater ein großer Fischhändler in Hamburg war, schreibt 1908 in seinem Buch „Von Tieren und Menschen": „Die Haupttätigkeit fiel in den Sommer. Damals kamen noch massenhaft die jetzt brandteuren Störe an den Markt, und mein Vater war einer der Hauptabnehmer. Er hatte sogar eine Anzahl von Fischern gegen festes Gehalt in seinem Dienst, die alles, was sich in ihren Netzen fing, abliefern mußten. Von März bis Juli zogen die Fische aus dem

Abb. 32. Anlandung von Stören am Kajen in Hamburg um 1870, nach einem zeitgenössischen Stich (aus SCHNAKENBECK).

Abb. 33. Störversteigerung am Elb-Fischmarkt (aus SCHNAKENBECK).

Meer elbaufwärts, um zu laichen und sich, freilich wider Willen, in langen, großen Netzen fangen zu lassen. Wir kauften und verarbeiteten in jeder Saison durchschnittlich 4000—5000 Störe (Abb. 35). Unter Verarbeitung ist die Gewinnung des Kaviars und das Räuchern des Fleisches zu verstehen. Sicher ist es für den spätgeborenen Leser, der nicht tief genug in die Tasche greifen kann, um die Bedürfnisse zu decken, auch von Interesse, etwas über die damaligen Preise zu erfahren. Ein Pfund geräuchertes Störfleisch galt bereits als teuer, wenn es mit 4—5 Hamburger Schillingen, das sind 32—40 Pfennig nach heutigem Geld, bezahlt werden mußte. Jetzt kostet das Pfund Störfleisch 2,50 bis 3,— Mk, also das Achtfache. Der Preis für einen gewöhnlichen Milchstör war 3 bis 4 Mk. Kurant. Rogenstöre kosteten 10 bis 12 Taler per Stück, je nach ihrer

Abb. 34. Störschlachten in Hamburg–St. Pauli in der Mitte der achtziger Jahre
(del. HANS PETERSEN 1885)

Größe. Alles dies weiß ich nicht nur vom Hörensagen. Ich stand schon damals als zehnjähriger Junge mitten im Geschäft, und an manche Episode aus jener Zeit denke ich noch heute mit Vergnügen zurück. Wievielmal bin ich mit den Fischern hinausgezogen zum Fang, und habe mit meinen Knabenhänden die mit harten Schuppen gepanzerten Kolosse aus den Netzen herausziehen helfen. Einmal fingen wir in der Nähe von Glückstadt ein Riesenexemplar, welches die stattliche Länge von dreizehn Fuß und eine entsprechende Stärke besaß. Das Einholen des Kolosses, dem die Fischer einen Haken oder sogenannten „Hauer" in den Rücken schlugen, ward zu einem Kampf. Die Beute entpuppte sich als ein Rogenstör, dem zweieinhalb Eimer Kaviar entnommen werden konnten. Der Rogen wurde damals mit 10—12 preußischen Talern per Eimer (15 Liter) bezahlt.
Das Feld meiner Knabentätigkeit lag aber nicht auf dem Wasser. An manchem Tag habe ich auf dem Hamburger Hopfenmarkt, wo ja auch heute noch gemarktet wird, ganz selbständig für 100 und mehr

Abb. 35. Hagenbecks Stammhaus am Alten Spielbudenplatz in Hamburg; eine Ladung Störe wird angeliefert (aus HAGENBECK „Von Tieren und Menschen" 1908)

Taler Fische eingekauft. Zu Hause waren meine Geschwister und ich beim Ausnehmen des Kaviars behilflich, auch mußten die drei ältesten den Kaviar nach Hamburg zur Ablieferung bringen und die Blasen der Störe verarbeiten, die als Hausenblasen zu verschiedenen chemischen Zwecken verwendet wurden."

Aus den siebziger und achtziger Jahren des neunzehnten Jahrhunderts gibt es eine ganze Anzahl zeitgenössischer Darstellungen von Fang und Verarbeitung der Störe um und in Hamburg (Abb. 32—35).

Bis Anfang der neunziger Jahre des letzten Jahrhunderts fand man an der Straßenseite fast jedes besseren Fischladens in Hamburg oben neben der Eingangstür einen starken Mauerhaken, an dem, sobald im Vorfrühling die Elbe eisfrei wurde und der Störfang begann, besonders große Störe zur Besichtigung für das Publikum aufgehängt wurden.

Für das deutsche Nordseegebiet werden aus den letzten Jahrzehnten folgende Zahlen für die deutschen Fanggebiete angegeben, nachdem in den achtziger Jahren der Durchschnittsfang noch auf 7000 Stück beziffert worden war (in Stück):

Jahr	Elbgebiet mit Eider und Wattenmeer	Weser	Ems	Nordsee durch Fischdampfer
1890	2800	—	141	427
1891	3650	16	145	615
1892	4272	38	123	463
1893	2873	1	197	930
1894	3385	10	117	802
1895	2343	1	119	1088
1896	2322	—	94	564
1897	1403	8	71	419
1898	1257	2	53	338
1899	1350	8	67	256
1900	1416	14	96	20
1901	1413	4	78	91
1902	1278	—	59	173
1903	1486	—	35	186
1904	1342	—	38	110
1905	784	—	32	158
1906	910	—	26	23
1907	685	—	17	22
1908	795	1	7	—
1909	133	1	24	—
1910	231	5	20	—
1911	231	14	21	—
1912	117	30	7	—
1913	158	1560 kg	12	—
1914	71	900 kg	9	—
1915	35	650 kg	20	—
1916	22	55 kg	7	—
1917	17	—	—	—
1918	34	—	—	—

Aus einer von der Fischereidirektion der Stadt Altona im Mai 1921 gegebenen Übersicht ergaben sich für jedes der Jahre 1919 und 1920 etwa 700 Störe, darunter 313 und 302 Seestöre mit einem Durchschnittsgewicht von knapp 7 kg, 1920 dagegen 401 Störe mit einem solchen von 30 kg.

Heute, 1952, kann nicht mehr in jedem Jahr mit einem Störfang aus der Elbe gerechnet werden, und nur selten sind die Fische so groß, wie die Hamburger Zeitungen am 23. VIII. 1951 über einen Stör meldeten, der bei Moorwerder, an der Ostseite der Norderelbe erbeutet wurde. Diesem 230 cm langen und 90 kg schweren Fisch wurde ein Bootshaken in die Kiemen gestoßen und er ins Boot gezogen.
Noch größer und schwerer war ein im Mai 1952 bei Sylt aus 18 m Tiefe herausgeholter Stör, der bei 265 cm Länge 125 kg wog.
Während im Elbgebiet das Schicksal des Störs als Art längst besiegelt ist, sah es damit in der Eider zwar auch trübe genug, aber nicht ganz so hoffnungslos aus. Leider mußte aber aus wasserwirtschaftlichen Gründen endlich mit der Abdämmung der Eider zwischen Friedrichstadt und Rendsburg begonnen werden. Mit 1936 begann hier die Erschwerung des Aufstiegs. STEINERT führt darüber aus: „Diese Maßnahme hat sich auf die letzten Bestände verheerend ausgewirkt. Es ist seitdem keinem einzigen Störpärchen mehr möglich gewesen, gemeinsam durch die Eiderschleusen in die Süßwasser-Brutgebiete zu gelangen und dort befruchteten Laich abzusetzen. Wo früher die

Abb. 36. $2^1/_2$ m langer Stör aus der Eider (aus STEINERT, Naturw. – Techn. Zft. f. Jedermann ORION, Murnau/Obb.)

Abb. 37. Fast 3 m langer und $3^1/_2$ Zentner schwerer Stör neben einem Normalfang. Dieser größte Stör seit Jahrzehnten in der Eider, wurde 1929 gefangen (aus STEINERT, Naturw.– Techn. Zft. f. Jedermann ORION, Murnau/Obb.)

Fischmeister mit ihrem Handnetz dezimeterlange Jungstöre zu Dutzenden bei jedem Zug aus den Eiderfluten heben konnten, findet sich nicht mehr ein einziges Jungtier! Während früher allein die Eiderfänge an Stör 2000 bis 3000 Stück jährlich erreichen konnten (Abb. 36—37), wurden im Vorjahre — 1951 — im ganzen Gebiet 31 Stück erbeutet, dazu einige im Schleppnetz gefangene Exemplare aus den Nordseetiefen bei Helgoland — die Reste einer aussterbenden Art, denen jeder Nachwuchs fehlt und deren größte Tiere nur noch vielleicht zwei Meter Länge und zwei Zentner Gewicht erreichen. Noch freilich versuchen die Störe alljährlich, in die Untereider eindringend, die Abdämmung bei Nordfeld zu überwinden."

Im Rhein stieg der Stör früher bis Basel auf, auch in seine Zuflüsse stiegen sie mehr oder weniger regelmäßig hoch hinauf.

Der 309 n. Chr. in Burdigala, dem heutigen Bordeaux, geborene DECIMUS MAGNUS AUSONIUS, Sohn eines Arztes, schrieb in Trier die Idylle „Mosella", in der er 14 Fischarten besingt, zumeist nach kulinarischen Gesichtspunkten. GERLACH führt dazu aus: „Das der

Stör damals weit in der Mosel aufgestiegen sein muß, davon gibt AUSONIUS eine anschauliche Schilderung:

„Jetzt, als des Meeres Geschöpf, sei, mächtiger Stör, mir gepriesen,
Der Du mit attischem Öl gesalbt auf dem Rücken erscheinest.
Groß wie ein Flußdelphin gleitest einher du
Durch das Gewässer und windest nur schwer den gewaltigen Körper
Über Bänke und Sande, gehemmt durch das Röhricht.
Schwimmst du im Strome jedoch vorwärts in stetiger Richtung,
Staunen die Ufer dich an, es bestaunt dich der Fische
Bläulich schimmernde Schar, es staunt das klare Gewässer.
Über das Bett heben die Wogen sich bis zum Rande.
So drängt manchmal der Wal aus dem tiefen Grund des Atlantiks,
Wenn der Sturm oder die eigene Kraft ihn forttreibt zur Küste,
Über die Ufer das Meer. Es türmt sich die wellende Fläche,
Und die Berge ringsum werden klein und fürchten zu schwinden.
Dieser dagegen, der friedliche Walfisch der Mosel,
Ist nicht verderblich und gereicht nur zur Zierde dem Strome."

Hier hat der Dichter dem Bilde zuliebe mehr Farben aufgetragen, als es der Wahrheit entspricht: indessen, mit eigenen Augen gesehen hat er den Stör.

Als der sechzehnjährige GRATIAN Kaiser wurde, ernannte er den alten Herrn zum Präfekten und später zum Konsul. Aber GRATIAN starb schon mit 24 Jahren. AUSONIUS kehrte in seine Heimat zurück und wurde auf dem Lande bei gutem Wein und delikaten Fischen sechsundachtzig Jahre alt. Er war der erste, der die Fische eines mitteleuropäischen Flusses als Poet betrachtete."

Auch in den Main stieg der Stör früher weit hinauf, als noch keine Nadelwehre und Staustufen das Aufsteigen verwehrten. Die Störe waren wohl immer selten im Main. Als 1575 Bischof JULIUS ECHTER VON MESPELBRUNN in Waldaschaff war, erhielt er einen im Main gefangenen Stör. Er ließ ihn malen und das Bild in der Schloßkirche von Aschaff aufhängen mit der Unterschrift:

„Ein Stör, wie der hier figurt, /
Fing man zu Nächst bei Schweinfurt /
Ist gewogen worden gleich zur Stund, /
Wiegt 157 Pfund. /
Mit dem ward Bischoff Julius /
Vom Rath verehrt zum Gedächtnuß."

1624 wurde bei Frankfurt im Main ein Stör gefangen (ARNOLD): „Fangen die Sachsenhäuser Fischer bei Schwanheim einen Fisch 7½ Schuh lang, hat ein Maul gleich einem Schweinsrüssel aber gantz zu / unten dran hangte ein Schnabel ohnegefehr 4 Zoll lang und weit / er hatte große harte Schuppen gleich denen Muscheln / so weit voneinander standen."

Bei diesen beiden Fischen brauchen wir an der Artzugehörigkeit nicht zu zweifeln. Seltsamer geht es mit dem nächsten Mainstör, von dem wir Kunde haben. 1682 war ein großes Hochwasser, bei dem ein Stör sich in die Kirche von Karlstadt verirrte. Die Erinnerung daran ist noch heute in Karlstadt lebendig, und im Rathaus wurde noch zwischen den Kriegen die Mumie dieses Störes gezeigt und behütet. Als mir der Faunist Unterfrankens, Dr. med. HANS STADLER-Lohr a. M., von diesem historischen Stück erzählte, gab ich nicht eher Ruhe, bis er es genau untersuchte und photographiert hatte. Mein Verdacht bewahrheitete sich: was da in Karlstadt aufbewahrt wurde (oder noch wird), war kein Stör, sondern ein mäßig ausgestopfter Haifisch mit weitoffenem Rachen, der mehrere Reihen messerscharfer Zähne zeigt, während ja für den Stör das kleine röhrenartig verstülpbare Maul ohne Zähne und mit den vier Bärteln davor charakteristisch ist (Abb. 4, 5). Wahrscheinlich hat man ursprünglich in Karlstadt wirklich einen Stör bewahrt. Vermutlich aber wurde er „vom Rost zerfressen und vom Zahn der Zeit zernagt" und irgendwie nicht artgemäß ersetzt.

Was übrigens die vier Bartfäden zu bedeuten haben? DÄHNHARDT erzählt in seinen naturgeschichtlichen Volksmärchen: „Der Stör hatte früher gerade solches Maul, wie es alle übrigen Fische auch haben. Nun war er aber von jeher ein großer Fresser, und um satt zu werden, verzehrte er große Mengen anderer Fische. Mit Vorliebe machte er sich an die Heringe, und schon war es so weit gekommen, daß die Heringe anfingen, auszusterben. Da gebot der liebe Gott dem Stör, nicht so viel zu fressen. Der aber ließ sich dadurch nicht abhalten, und deshalb nähte der liebe Gott ihm seinen Rachen zu und schnitt ihm unterhalb davon ein neues Loch in den Hals, durch das er von jetzt ab seine Nahrung zu sich nehmen mußte. Der Zwirnsfaden aber, womit der liebe Gott ihm das Maul zugenäht hat, ist noch jetzt am Stör zu sehen."

Abb. 38. An der Samlandküste gefangener Stör (Aufnahme Dr. J. LUNDBECK).

An der Ostküste Schleswig-Holsteins war der Stör von jeher selten, weil hier Flüsse von geeigneter Größe zum Aufstieg des Störes fehlen. Bereits SCHONEVELDE 1624 berichtet, daß er bisweilen in der Ostsee und der Eckernförder Bucht vorkomme, hier jedoch kleiner bleibe als in Elbe und Eider. Im Januar 1925 wurden in der Eckernförder Bucht drei Störe von zusammen nur 18 kg gefangen. Weiter nach Osten wird der Stör zwar etwas weniger selten gefangen, gehört aber auch dort durchaus zu den Seltenheiten.

FRIEDEL berichtet 1882 von Rügen: „Störfang und Störjagd ist von dort aus noch immer ergiebig zu betreiben; besonders nachteilig sind dem riesigen Schmelzschupper anhaltende Stürme, es ergeht ihm alsdann wie den Walthieren und Delphinen, die auf Untiefen, auf den Strand, auf Steine getrieben werden und elendiglich zu Grunde gehen. Als ich am 2. September 1880 nach stürmischem Wetter von dem Dorf Göhren auf Mönchsguth aus mit einem Fischerboot nach der Oie segelte, lagen am Rügenschen Strande außer einem kleinen Delphin hie und da todte Störe, der Oier Strand war stellenweis mit den Leichnamen von *Acipenser sturio* bedeckt."

Aber auch dort ging es abwärts mit dem Störfang. Im Gebiet der Danziger Bucht, des Frischen Haffs und der zugehörigen Stromgebiete war das Jahr 1892 mit 35 500 kg das letzte gute Störjahr. Dann betrug der Fang 1900 nur noch 27 000 kg, 1907 noch 19 000 kg, 1910 noch 13 000 kg und 1913 nur noch 4000 kg (Abb. 38).

Die letzten mir zugänglichen Daten für jenes ganze Gebiet stammen aus 1937 und besagen, daß nur vor der polnischen Ostseeküste und in der Danziger Bucht je ein Doppelzentner Störe gefangen wurde. Den letzten trüben Abschluß dieses Kapitels bildet ein Brief des Polnischen Informations-Büros in Berlin vom 20. XII. 1951, in dem mir geschrieben wird: „Einer Zeitungsnotiz entnehmen wir, daß der letzte — seit Jahrzehnten nicht dagewesene — Störfang in diesem Jahre (1951) stattfand, und zwar im Fluß Warta bei Oborniki. Der Fisch war 1,20 m lang, wurde tot gefangen und wurde zur Fischerei- und Jägerei-Anstalt der Universität Poznan eingeliefert."

Es seien sodann die Fangziffern für Holland genannt, die einer sehr sorgfältig geführten Statistik entnommen sind und mir von 1893 bis 1918 zugänglich waren:

1893 . .	832 Stück	1902 . .	434 Stück	1911 . .	56 Stück
1894 . .	758 „	1903 . .	462 „	1912 . .	32 „
1895 . .	797 „	1904 . .	319 „	1913 . .	28 „
1896 . .	662 „	1905 . .	198 „	1914 . .	25 „
1897 . .	400 „	1906 . .	190 „	1915 . .	22 „
1898 . .	351 „	1907 . .	132 „	1916 . .	7 „
1899 . .	451 „	1908 . .	120 „	1917 . .	22 „
1900 . .	438 „	1909 . .	75 „	1918 . .	16 „
1901 . .	387 „	1910 . .	56 „		

REDEKE 1941 weiß nach dieser Zeit nur noch drei Störe aus den niederländischen Gewässern zu nennen: am 16. VI. 1932 einen von 230 cm Länge und 80 kg Gewicht vom Kamper Ketel; im Mai 1937 ein 250 cm langes und ca. 100 kg schweres auf dem Groninger Watt, sowie eines von 209 kg am 17. Juni 1939 im Wattenmeer vor Oosterbierum.

Daß in Holland der Störfang um 1920 unaufhaltsam zurückging, ergibt sich auch aus der Zusammenstellung von VERHEY 1949, der die Störfänge zweier Fischereibetriebe von der Nieuwe Merwede für die Jahre 1900—1931 mitteilt. Von 23 bzw. 29 Stück in 1900 bzw. 1901 sank der Ertrag 1916 auf 3, stieg noch einmal geringfügig bis 16 wieder an, betrug 1922 nur noch 2 Stück und wechselte in den Jahren danach zwischen 3 und 0 so, daß durchschnittlich nur 1 Stück jährlich zu verbuchen war.

An den großbritannischen Küsten sieht es nicht besser aus. JENKINS

1925 schreibt übersetzt: „In den britischen Gewässern besteht keine eigentliche Störfischerei, und obwohl er unsere Ströme erheblich weit hinauf steigt und aus dem Severn bei Shrewsbury und dem Trent bei Nottingham bekannt ist, weiß man nichts über sein ev. Ablaichen in britischen Gewässern. Dort ist der Stör ein „königlicher Fisch", der dem König zur Verfügung gestellt wird, wenn er jemals erbeutet wird." Der Stör ist schon längst dort so selten, daß seit langem jeder einzelne der spärlichen Fänge einzeln verbucht und auch in den Tageszeitungen als Neuigkeit gemeldet wird.

Es spricht alles dagegen, daß nur die Stromverbauungen, der verstärkte Schiffsverkehr und die Verunreinigung der Gewässer für die Abnahme der Störe verantwortlich gemacht werden können und müssen. Es braucht nicht geleugnet zu werden, daß all dies auch nachteilige Einflüsse gehabt hat, aber das Wesentliche ist ohne Frage der rücksichtslose Fang gewesen, dem ein so großer Fisch wie der Stör, noch dazu, da man ihm besonders auf seinem Laichzuge nachstellte, unmöglich auf die Dauer Widerstand leisten konnte.

Am unzweideutigsten wird dieser Zusammenhang durch die Verhältnisse in den USA illustriert, wie sie der Commissioner of Fisheries in seinem Bericht für 1912—13 darlegt. Danach haben sich dort die Dinge genauso entwickelt wie in Deutschland und überall in Europa, nur in sehr viel schnellerem Tempo. Auch bei uns hat es eine Zeit gegeben, wo das Störfleisch wenig geachtet und dementsprechend schlecht bezahlt wurde. In Amerika aber hat man lange Zeit die Störe als lästig und für die Fischerei unbequem erschlagen, wo man sie antraf und sie ins Wasser zurückgeworfen, ohne eine Verwendung für sie zu finden. Die noch lebende Generation hat es mit angesehen, daß die faulenden Leiber dieser herrlichen Fische an den Ufern des Potomac herumlagen.

Dann wurde man auf die Möglichkeit der Verwertung aufmerksam, zunächst beim Rogen, dann auch beim Fleisch. Der Rogen wurde zwar nicht in Amerika verbraucht, sondern ging nach Europa, besonders nach Deutschland, wo er als Elbkaviar in den Handel kam und wo seine infolge schlechter Behandlung und starken Salzens geringere Qualität dazu beigetragen hat, den Elbkaviar allgemein als etwas Minderwertiges zu stigmatisieren. Im Jahre 1888 wurden von einer einzigen Firma am Delaware nicht weniger als 50 000 kg Kaviar nach Deutschland ausgeführt, wo sie einen Einfuhrzoll von 1,40 Mk. je kg zu bezahlen hatten. Erst in den ersten Jahrzehnten dieses Jahrhunderts ist dieser „Elbkaviar“ vom deutschen Markt verschwunden, nachdem der amerikanische Verbraucher anfing, an ihm Geschmack zu finden und nun umgekehrt ansehnliche Mengen russischen Kaviars aus Europa nach Amerika gingen. Gleichzeitig wurde das Störfleisch ein begehrtes Nahrungsmittel, und damit setzte eine rücksichtslose und vernichtende Fischerei ein, die sich schnell von den bekannten und leicht zugänglichen Störgewässern auch auf bisher fast unbekannte und entlegene Gebiete, wie z. B. den Lake of the Woods an der kanadischen Grenze, ausdehnte. In 15 Jahren ging die Ausbeute an der atlantischen Küste von 7 Millionen auf 1 Million Pfund zurück, und im Gebiet der großen Seen verminderte sich der Fang in 18 Jahren um 90 %, im vorgenannten Lake of the Woods sogar in 10 Jahren um 96 %. Auf der Höhe seiner Entwicklung im Jahre 1890 hatte der amerikanische Störfang einen Ertrag von 12 bis 15 Millionen Pfund, während er 1912 höchstens 1 Million Pfund betrug. Die rücksichtslose Vernichtung auch der jugendlichen und wertlosen Fische in Treibnetzen, Zugnetzen und großen Strandreusen hat ein gut Teil dazu beigetragen, diesen Verfall der Fischerei in so unglaublich kurzer Zeit herbeizuführen.

Außer diesen schwerwiegenden Momenten sind es noch einige Nebenumstände, die dazu beigetragen haben, daß sich der Vernichtungsprozeß bei unserm Stör besonders schnell vollzieht.

Wenn ein Fischerei-Gegenstand durch zu intensive Fischerei in seinem Fortbestand bedroht ist, so tritt eine Besserung vielfach dadurch ein, daß der Fang aufhört, lohnend zu sein und infolgedessen mit vermindertem Eifer betrieben wird. Das ist beim Stör der Elbe leider nicht der Fall gewesen, weil der Fang dort vielfach von Leuten ausgeübt wird, die kein Gewerbe daraus machen, sondern der nur bei gutem Wetter ausführbaren Treibnetzfischerei zu ihrem Vergnügen und zur Erholung obliegen. Tatsächlich haben sich manche Störfischer durch die Ergebnislosigkeit ihres Betriebes durchaus nicht von seiner Fortsetzung abhalten lassen. Infolgedessen findet die Störfischerei auch mit dem Aufhören ihrer Rentabilität kein Ende.

Schließlich darf nicht vergessen werden — was sich dem naturwissenschaftlichen Betrachter der Dinge besonders aufdrängt —, daß der Stör als Glied einer einst formenreichen, aber jetzt zum großen Teil ausgestorbenen Ordnung der Fische, der Schmelzschupper, fremdartig in unsere Erdepoche hineinragt, wenn auch gerade seine Familie die noch zahlreichsten lebenden Vertreter aufweist, und daß sich in dem Verschwinden einzelner Glieder dieser seltsamen Familie nur das Walten eherner und unerforschlicher Naturgesetze zu vollziehen scheint. Gerade im Hinblick auf diese letztere Überlegung gewinnt man den Eindruck, daß doch von Seiten des Menschen alles Erdenkliche geschehen müßte, um den Untergang eines so interessanten und wertvollen Fisches zumindest zu verzögern und ihn, wenn sonst nichts anderes mehr möglich ist, wenigstens als Naturdenkmal zu erhalten, und in der Tat hat man in elfter Stunde eine ganze Anzahl von Maßnahmen getroffen, die allerdings jetzt zum Teil schon wieder überholt sind.

7. Schonmaßnahmen, künstliche Erbrütung und Aufzucht sowie Verpflanzung

In Erkenntnis der Schwierigkeiten im Aufkommen der Störbrut wurde eine teilweise Befriedung in der Weise in Angriff genommen, daß gewisse geeignete Flußstrecken mit öffentlichen Mitteln angepachtet wurden, um sie durch Verhinderung der Störfischerei in ihnen zur Laichzeit zu Schongebieten zu machen. Die Oste und in noch höherem Maße die Eider, als die beiden in den letzten Dezennien noch am stärksten vom Stör zum Laichen aufgesuchten Flußgebiete des deutschen Nordseegebietes, erschienen für derartige Versuche am besten geeignet. Doch mußte man sich auf die Oste beschränken, da eine Anpachtung von Strecken der Eider wegen der dortigen komplizierten Fischereiberechtigungen undurchführbar erschien. Auf der Oste, einem linken Zufluß der Niederelbe, wurden in der Tat eine Reihe von Jahren hindurch verschiedene Strecken angepachtet und der Störfang auf ihnen verhindert, so daß Störe dort hätten laichen können, wenn sonst die Verhältnisse ihnen zusagten. Ob und wieweit letzteres der Fall ist, konnte nie mit Sicherheit festgestellt werden, da es trotz wiederholter Versuche nicht gelang, normal abgelegten Störlaich oder ganz jugendliche, kürzlich geschlüpfte Störlarven zu fangen, wohl aber eine größere Anzahl junger Störe von 7 cm aufwärts. Ihre Anwesenheit macht es wahrscheinlich, daß in dem gefriedeten Flußabschnitt tatsächlich gelaicht wurde. Nach 1918 mußten diese Versuche wegen der enorm gestiegenen Pachten ganz aufgegeben werden. So muß man sich jetzt darauf beschränken, in den Jugendrevieren der Störe die Fischerei mit Aalangeln zu unterbinden.

Eine Besserung erhoffte man von der Erhöhung des Mindestmaßes auf 150 cm. Sicher wäre das schon ein Fortschritt, aber es ist immer noch nicht genug, ist noch so gering, daß solche Tiere noch nicht zur Fortpflanzung gekommen sein können. Außerdem hapert es mit der Überwachung. Sicher kommen unter den Marktanlandungen kaum untermaßige Störe vor. Aber die Versuchung, einen zwar mehr als meterlangen, wenn auch noch untermaßigen Stör statt ihn wieder ins Wasser zurückzusetzen, stillschweigend für sich selbst und die nächste Nachbarschaft zu verwerten, war für die meisten Küstenfischer stets zu groß. Jedenfalls habe ich in den Jahren 1912—1916, in denen ich vielfach mit den Krabbenkuttern im Wattenmeer fischte, zwar viele Jungstöre aus der Kurre gesammelt, aber nie gesehen, daß einer wieder zurückgesetzt worden wäre.

Während die Versuche, dem Stör mit Schongebieten und mit Erhöhung des Mindestmaßes zu Hilfe zu kommen, wenig ausrichten konnten, versuchte man sich mit etwas mehr Erfolg in der künstlichen Zucht. Sie wurde bei uns auf Veranlassung des damaligen Deutschen Fischereivereins versucht, nachdem kurz zuvor schon in den USA ein Anfang gemacht war. Leider hatten alle diese Bestrebungen nicht den erwünschten Dauererfolg. Mitte der siebziger Jahre gelangen in Amerika die ersten Versuche, einige Jahre später auch in Deutschland, und zur Hauptsache im Elbgebiet, doch auch in der Weichsel. An der Elbe brachten die Jahre 1886 und 1891 die besten Erfolge, und zwar durch die Bemühungen des Gastwirts J. MOHR in Glückstadt, angeregt durch Propaganda und Prämienauslobung von seiten des Deutschen Fischereivereins. Es gelang wiederholt, Tausende von Störeiern zu befruchten, von denen sich ein meist nur bescheidener Prozentsatz in 3—4 Tagen zu Larven entwickelte, die man alsbald dem freien Elbstrom übergab. Es gelang aber nicht, die ungeheuren Verluste bei der Erbrütung zu vermeiden und sich über die Weiterentwicklung der jungen Brut Rechenschaft zu geben.

Hinsichtlich der Behandlung der laichreifen Fische und der befruchteten Eier sind im Laufe der Jahre mancherlei wertvolle Erfahrungen gesammelt worden. Man weiß z. B. jetzt, daß die Gewinnung der Milch zur Befruchtung verhältnismäßig geringe Schwierigkeiten macht; man kann in Gefangenschaft gehaltene Männchen jederzeit dazu verwenden und kann nötigenfalls die dem geschlachteten Tiere entnommenen Hoden in gequetschtem Zustande verwenden; man kann auch das dem Leib des Männchens entnommene Sperma noch 36—48 Stunden in befruchtungsfähigem Zustande in eisgekühlten Thermosflaschen aufbewahren. Jedenfalls konnte auch ARNOLD in Rußland dieses Verfahren beim Sterlet erfolgreich anwenden (Allg. Fischerei-Ztg. 1912, S. 615).

Viel schwieriger gestaltet sich dagegen die Behandlung der reifen Eier. Wenn sie den Mutterleib verlassen, sind sie in reichlichen zähen Schleim eingehüllt, der jedes einzelne Ei mit einer feinen bräunlichen Hülle umgibt, die gleichzeitig einen gewissen Schutz gewährt und das Ei an anderen Eiern und an der Unterlage festklebt. Unter normalen und natürlichen Verhältnissen werden die Eier offenbar nur in einfacher Schicht auf ihrer Unterlage befestigt. Beim Verrühren der Milch zum Zwecke der künstlichen Befruchtung bilden sie aber Klumpen, die für die weitere Behandlung höchst nachteilig sind. Es ist daher zweckmäßig — zumal es sich als unschädlich erwiesen hat — den Schleim soviel wie möglich zu entfernen, was durch fleißiges Verrühren mit Wasser ziemlich vollständig gelingt. Hat man jedoch — wie es die Regel ist — größere Eiermengen zu bearbeiten, so fehlt die erforderliche Zeit, um das Entschleimen gründlich durchzuführen; denn etwa 20 Minuten nach der Befruchtung erhärtet der den Eiern anhaftende Klebstoff, und bis dahin muß die Verteilung und Ausbreitung der Eier in den Brutapparaten stattgefunden haben, wenn man vermeiden will, daß die Eier in großen Klumpen aneinander haften. Am besten werden die Eier in möglichst dünner Schicht in Trögen verteilt, die mit weitmaschiger Gaze bespannt sind, in schwimmende Brutkästen eingesetzt und in stark strömendes Wasser verbracht werden. Ist der benutzte Kanevas oder die Drahtgaze zu engmaschig, oder liegen die Eier darauf zu dicht, so verklebt der ihnen noch anhaftende Schleim die noch verbliebenen Öffnungen, macht eine gründliche Durchlüftung unmöglich und leistet der Verpilzung Vorschub, die trotz der Kürze der Inkubationszeit bisher noch immer den größten Teil der Eier vernichtet hat und nur einen bescheidenen Prozentsatz der Larven zum Ausschlüpfen kommen ließ.

Die künstliche Vermehrung hat — ganz abgesehen von der Schwierigkeit, beide Geschlechter gleichzeitig im richtigen Reifezustand zur Verfügung zu haben — noch mit anderen großen Schwierigkeiten zu kämpfen. Diejenigen weiblichen Störe, die man zum Zwecke der Zucht in die Brutanstalten brachte, erwiesen sich fast immer als mehr oder weniger stark abgelaicht, so daß sich von den ursprünglich 800 000—2 400 000 Eiern nur wenige Tausend gewinnen ließen. Das war selbst dann so, wenn zur Vermeidung von Verlusten während des Transports die Austrittsöffnung zugebunden wurde. Hinzu kommt, daß mit dem Rückgang der Störfischerei die Möglichkeit, reife Rogener zur Brutanstalt zu bringen, immer geringer geworden ist. Seit 1891 ist trotz lebhafter Bemühungen an der Elbe kein einziger gelungener Befruchtungsversuch mehr zu verzeichnen gewesen.

Wesentlich günstiger lagen die Verhältnisse in den USA. Aber trotz der großen Beherrschung der Technik und trotz vielseitiger Erfahrung ist auch hier die künstliche Störzucht nicht zu befriedigenden Ergebnissen gelangt. Man hat dann drüben sowohl wie bei uns noch einen andern Weg einzuschlagen versucht, indem man die nahezu laichreifen Tiere in einem großen Wasserbecken in Gefangenschaft hielt, um sie darin zum Ablaichen kommen zu lassen. Das erwies sich als undurchführbar. Ist der Stör reif, so verliert er Rogen und Milch bei der geringsten Berührung. Sind die Geschlechtsorgane dagegen nicht völlig reif, so sterben sie ab, ohne zur Reife zu kommen, wenn der Fisch eingesperrt ist. In Amerika machte man 1911 den Versuch, 20 reife und 10 unreife Störe im Lake of the Woods in Minnesota in großen Fangreusen 10—30 Tage lang gefangen zu halten, um von ihnen reife Eier zu gewinnen. Es wurde ein völliger Fehlschlag — genau wie bei uns. Wie dem auch sei, die Fischbrutanstalt Altmühlendorf in Holstein, der schon 1882 die Störerbrütung einmal gelang, ist bereit, abermals den Versuch zu machen.

Die künstliche Befruchtung und Erbrütung der Eier des Sterlets, überhaupt der sonstigen Störarten, kann grundsätzlich ebenso vorgenommen werden wie bei unserm Stör.

War uns selbst bisher ein Erfolg bei der Störzucht versagt, so haben die auch heute noch störreichen Länder Osteuropas die Bemühungen energisch fortgesetzt. Namentlich die Sowjet-Union hatten beachtliche Ergebnisse. Über solche Arbeiten gibt STROGANOW 1951 eine vorläufige Übersicht. Man untersuchte die Unterschiede in der Wuchsfreudigkeit junger Störe und Sternhausen in Glasaquarien, Zementbecken und Teichen. Das Aufziehen des Störnachwuchses in Teichen der Karpfenwirtschaft ergibt gute Resultate, wenn keine Nahrungskonkurrenz vorhanden ist. Die Aufzucht von Jungfischen des Geburtsjahres in Glasaquarien und Zementbecken ergibt selbst bei starker Besetzung gute Zunahmen bis zu einem Alter von 3 Jahren, in dem die Störe dann 1—1½ kg wiegen.
STROGANOW folgert in diesem Zusammenhang folgendermaßen: In der Tierzucht entwickelt sich neben dem Typ der „Weidegang"-Wirtschaft stark der „Stall"-Typ, während bei der Fischzucht immer noch der „Weidegang"-Typ vorherrscht. In der Tierzucht sind die größten Erfolge in den Wirtschaften des Stall-Typs erreicht worden, der zwar neuer und wirkungsvoller, aber auch erheblich mehr mühsam ist. In der Fischzucht sei bisher sehr wenig für den Übergang zum Stalltyp getan worden zur Intensivierung der Teichwirtschaft. Sie sei zu bewirken mit Hilfe von künstlichen Aufzuchtbecken mit Wärmeregulierung und regulierbarer Fütterung. Durchaus zeitgemäß erscheine die Frage der Ausnutzung lauwarmer Industrie-Kühlwässer für die winterliche Aufzucht wertvoller Fischarten. Man könne so den Fisch vielleicht dazu bringen, das ganze Jahr hindurch zu wachsen, im Winter in den Bassins, im Sommer in den Teichen. Außerdem würde ein solches Aufzuchtschema erlauben, zwei „physiologische Jahre" des Fisches einzufügen, d. h. in einem Jahr zwei Winter schaffen (zweimal die Temperatur bis 1—3 °C senken), was zur beschleunigten Geschlechtsreife der Fische führen würde.
Die mit 20 Tagen in den Versuch genommenen Jungstöre wogen durchschnittlich 0,1 g, mit 30 Tagen 0,2 g, mit 60 Tagen 1,5 g. Mit 95 Tagen hatten sie im Mittel 5,52 g, mit 128 Tagen 10,2 g, mit 225 Tagen 18,1 g, mit einem halben Jahr 32 g, 1¼ Jahren 48,4 g, ca. 1½ Jahren 92,6 g, 2 Jahren 272,5 g, ca. 2¼ Jahren 564 g. Über Längenmaße werden nur wenige Daten gegeben. So finde ich angegeben für 50 Tage 6,0—8,2 cm, im Mittel 6,93 cm, für 93 Tage

8,5 cm, 116 Tage 10,56 cm, 134 Tage 16,8 cm, 141 Tage 18,4 cm.
Für den Sternhausen, den Sewruga, entnehme ich STROGANOW für 25 Tage alte Junge 0,1 g; 55 Tage 0,63 g; 95 Tage 1,87—3,15 g; 195 Tage 6,94—8,08 g. Für Jährlinge finde ich zwei weit verschiedene Daten: 6,22 und 37,3 g; für ca. 1¼ Jahr alte 24,8 g, für ca. 17 Monate alte 140,5 g.

Seit 1911 schon hatte es die „Kasan-Filiale der Russischen Gesellschaft für Fischerei und Fischzucht" sich zur Aufgabe gemacht, Besatzmaterial vom Sterlet zum Einsatz in Teiche in großem Maßstabe zu gewinnen, um Speisefische aufzuziehen. Darüber, daß diese Fische zur Nachzucht unverwendbar sein würden, war man sich offenbar ganz klar. Das Besatzmaterial muß eben alljährlich von Wildfischen gewonnen werden. Ja man rechnete sogar damit, daß die in Teichen gehaltenen Sterlets steril und daher um so fetter und wohlschmeckender werden.

ANTIPA berichtet über Versuche mit dem Einsatz 10—15 cm langer Störe und Sterlets in einem Strandsee bei Constanza, die dort ausgezeichnet abgewachsen sind. Nach einigen Jahren wurden bereits 400 kg dieser Fische in dem betreffenden See gefangen. Bedingung ist klares Wasser und sandiger Boden. Auch hier ist eine Fortpflanzung nicht zu erwarten, jedoch erhöht der Abwachs der eingesetzten Acipenseriden die Rentabilität des Fischwassers bedeutend.

Seit alter Zeit wurden immer wieder Versuche zur Einbürgerung des Sterlets in verschiedene, von ihm ursprünglich nicht bewohnte Gewässer gemacht. Immer wieder hat man vergeblich gehofft, ihn in Seen heimisch zu machen und zur Fortpflanzung zu bringen. Aber er braucht nun mal starke Strömung, um seine Geschlechtsprodukte richtig entwickeln zu können. Im stehenden Wasser erfahren sie eine fettige Degeneration. In den großen Seen der nördlichen europäischen Sowjet-Union, im Ladoga- und Onega-See, ist der Versuch oft genug unfreiwillig gemacht worden. Schiffe, die in der Bünn große Mengen Sterlets über den See bringen sollten, scheiterten, so daß die Fische massenhaft dort frei kamen. In den Ladoga-See sind Sterlets auch zwecks Einbürgerung ausgesetzt worden.

Einbürgerungsversuche mit Sterlets in dem Finnischen See Vesijärvi sind offenbar auch nur wenig erfolgreich gewesen. Setzlinge unbekannten Alters wurden im Jahr 1901 in den See eingesetzt. Ein

Abb. 39. Stör mit seinen Nahrungstieren aus einem sowjetischen Kinderbilderbuch.

1914 gefangenes Männchen war 48,5 cm lang und wog 0,8 kg; ein 1920 erbeutetes Weibchen war 75 cm lang bei einem Gewicht von 1,9 kg. Das ist für 20 Jahre ein herzlich dürftiger Zuwachs.

In Großbritannien hat man schon früh versucht, Störe in Teichen zu halten. An wenigstens drei Stellen des alten Schrifttums aus der angelsächsischen Zeit um das Jahr 1000 n. Chr. sind Nachweise für „Styrian Poles“ gegeben.

In der Mitte des 18. Jahrhunderts versuchte König FREDERIK II von Schweden aus Rußland eingeführte Sterlets bei Ulriksdal in den seeähnlichen Edsviken auszusetzen, eine schmale, von der salzigen Ostsee abgeschnittene Bucht mit sehr schwach salzhaltigem Wasser. Der ursprünglich hoffnungsvoll aussehende Versuch erwies sich später als verfehlt. LINNÉ (Ed. X, 1758) erwähnt zwar diesen Versuch, gibt aber irrtümlich an, daß er sich auf den Mälarsee beziehe.

Auch FRIEDRICH II. ließ aus Rußland Sterlets kommen. Von den 50 bestellten Fischen sollen ungefähr 20 auf der Reise eingegangen sein. Die übrigen wurden teils in den Stadtgraben von Küstrin, teils in den Gierland-See bei Greifenhagen eingesetzt. Aus ersterem haben sie sich durch eine Überschwemmung wieder verloren. Dann ließ FRIEDRICH WILHELM III. zur Auffrischung des Bestandes nochmals Sterlets aus Rußland kommen und in den Gierland-See bringen; sie vermehrten sich dort zwar nicht, gediehen aber vorzüglich.

Später sind offenbar keine nennenswerten Versuche in dieser Richtung mehr unternommen worden. Auf jeden Fall haben sie so wenig Erfolg gehabt, daß heute selbst erwachsene Deutsche den Stör oft genug nur noch vom Hörensagen kennen, von unseren Kindern gar nicht zu reden. In der Sowjet-Union dagegen ist er noch bekannt genug, um sogar in Kinderbilderbüchern gezeigt zu werden (Abb. 39).

8. Schrifttum

ARNOLD, R.: Das Tier in der Weltgeschichte; Frankfurt a. M. 1939.

BELOGUROV, A. I.: The nutrition of Acipenseridae in the Caspian Sea; Zool. J. Moscou **18**, S. 247 – 273, 1939.

BREHMS Tierleben, 4. Auflage, Leipzig 1914.

DÄHNHARDT, O.: Naturgeschichtliche Volksmärchen; Leipzig 1912.

DUNCKER, GEORG: Die Fische der Nordmark, Lief. 1; Kiel 1935.

ECKSTEIN, K.: Fischerei und Fischzucht; Slg. Göschen 1902.

EHRENBAUM, E.: Beiträge zur Naturgeschichte einiger Elbfische; Wiss. Meeresunters. N. F. **1**, S. 37 – 71, 4 pls., 1894.

FRIEDEL, ERNST: Thierleben im Meer und am Strand in Neuvorpommern; D. Zool. Garten **23**, p. 141 – 148, 1882.

GERLACH, R.: Die Fische; Hamburg 1950.

GÜNTHER, A.: Catalogue of the Fishes in the British Museum, Vol. 8; London 1870.

HAGENBECK, CARL: Von Tieren und Menschen; 1908.

KNIPOVICH, N. M.: Guide for Determination of the Fishes of Barents-Sea, White-Sea and Kara-Sea; Transact. Inst. Sci. Explor. North **27**, Moscou 1926.

LIEBERKIND, INGV.: Dyrenes Verden IV; Kopenhagen 1939.

LINNÉ, C. v.: Systema naturae, ed. X., 1758.

MARCUS, KURT: Der Fischreichtum Rumäniens; Rumänien in Wort und Bild **1** H. 5, S. 2 – 5, 9 figs., Bukarest 1917.

MOHR, ERNA: Die Fischerei in den schleswig-holsteinischen Küstengewässern; Nord-. elbingen **6**, 1927.

NICHOLS, J. T.: Representative North American Freshwater Fisches; New York 1942

REVOIL, B. H.: Shooting and Fishing in the Rivers, Prairies, and backwoods of North America, Vol. 2; London 1865.

SCHLOTT, M.: Leimstoffe; Rohstoffe des Tierreichs, **1**; Berlin 1933 – 35.

SCHNAKENBECK, W.: Wie Hamburg und Altona Fischereistädte wurden. Von Fischerei und Fischmärkten in Hamburg und Altona; Altona, 1937,

STEINERT, HARALD: Kaviar in der Fischkinderklinik; Orion **6**, S. 713 – 716, 7 Abb., 1951.

STROGANOW, N. S.: Versuch der Aufzucht der Störe in den Teichen des Moskauer Bezirks in Zementbecken und Aquarien; Zool. J. **30**, Moscou 1951 (russisch).

VERHEY, C. J.: Het vorkommen van den steur *(Acipenser sturio)* in de nieuwe Merwede tusschen 1900 en 1931; De Levende Natuur **52**, S. 152 – 159, 2 Abb., 1949.

VENT, A. E. J.: The status of the sturgeon *Acipenser sturio* L. in Irish waters now and in former days; Irish Nat. Jl. Belfast **9**, S. 172 – 174, 1948.

WITTMACK, L.: Beiträge zur Fischereistatistik des Deutschen Reiches; Berlin 1875.